QING SHAO NIAN KE XUE TAN SUO YING

青少年科学探索营

U0739707

基础科学百科

张恩台 编著　丛书主编 郭艳红

# 气象：风风雨雨总是情

汕头大学出版社

# 图书在版编目（CIP）数据

气象：风风雨雨总是情 / 张恩台编著. -- 汕头：
汕头大学出版社，2015.3（2020.1重印）
（青少年科学探索营 / 郭艳红主编）
ISBN 978-7-5658-1639-0

Ⅰ．①气… Ⅱ．①张… Ⅲ．①气象学—青少年读物
Ⅳ．①P4-49

中国版本图书馆CIP数据核字（2015）第025895号

气象：风风雨雨总是情　　　　QIXIANG：FENGFENGYUYU ZONGSHIQING

编　　著：张恩台
丛书主编：郭艳红
责任编辑：汪艳蕾
封面设计：大华文苑
责任技编：黄东生
出版发行：汕头大学出版社
　　　　　广东省汕头市大学路243号汕头大学校园内　邮政编码：515063
电　　话：0754-82904613
印　　刷：三河市燕春印务有限公司
开　　本：700mm×1000mm 1/16
印　　张：7
字　　数：50千字
版　　次：2015年3月第1版
印　　次：2020年1月第2次印刷
定　　价：29.80元
ISBN 978-7-5658-1639-0

# 前　言

　　科学探索是认识世界的天梯，具有巨大的前进力量。随着科学的萌芽，迎来了人类文明的曙光。随着科学技术的发展，推动了人类社会的进步。随着知识的积累，人类利用自然、改造自然的的能力越来越强，科学越来越广泛而深入地渗透到人们的工作、生产、生活和思维等方面，科学技术成为人类文明程度的主要标志，科学的光芒照耀着我们前进的方向。

　　因此，我们只有通过科学探索，在未知的及已知的领域重新发现，才能创造崭新的天地，才能不断推进人类文明向前发展，才能从必然王国走向自由王国。

　　但是，我们生存世界的奥秘，几乎是无穷无尽，从太空到地球，从宇宙到海洋，真是无奇不有，怪事迭起，奥妙无穷，神秘莫测，许许多多的难解之谜简直不可思议，使我们对自己的生命现象和生存环境捉摸不透。破解这些谜团，有助于我们人类社会向更高层次不断迈进。

　　其实，宇宙世界的丰富多彩与无限魅力就在于那许许多多的难解之谜，使我们不得不密切关注和发出疑问。我们总是不断地去认识它、探索它。虽然今天科学技术的发展日新月异，达到了很高程度，但对于那些奥秘还是难以圆满解答。尽管经过古今中外许许多多科学先驱不断奋斗，一个个奥秘被不断解开，推进了科学技术大发展，但随之又发现了许多新的奥秘，又不得不向新问题发起挑战。

宇宙世界是无限的，科学探索也是无限的，我们只有不断拓展更加广阔的生存空间，破解更多的奥秘现象，才能使之造福于我们人类，我们人类社会才能不断获得发展。

为了普及科学知识，激励广大青少年认识和探索宇宙世界的无穷奥妙，根据中外最新研究成果，编辑了这套《青少年科学探索营》，主要包括基础科学、奥秘世界、未解之谜、神奇探索、科学发现等内容，具有很强系统性、科学性、可读性和新奇性。

本套作品知识全面、内容精炼、图文并茂，形象生动，能够培养我们的科学兴趣和爱好，达到普及科学知识的目的，具有很强的可读性、启发性和知识性，是我们广大青少年读者了解科技、增长知识、开阔视野、提高素质、激发探索和启迪智慧的良好科普读物。

# 目  录

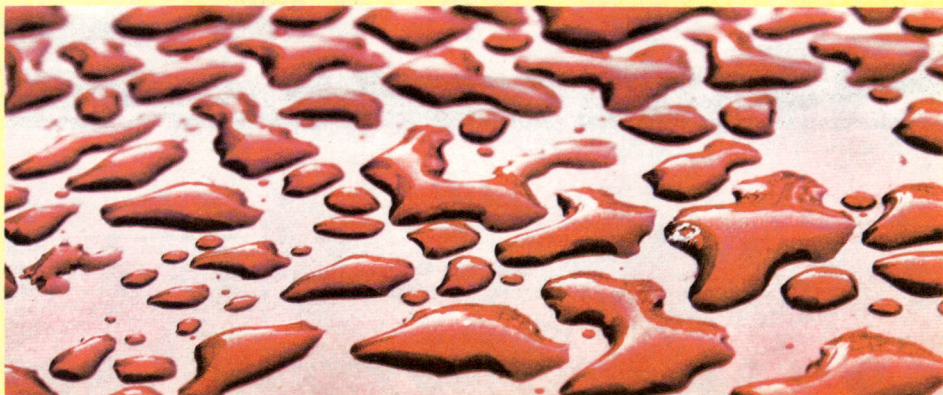

# 奇特的气象奇观

## 竹椅子散架之谜

我国南方盛产竹子。北方用木头做原料的生活用品，在南方几乎都可以用竹子代替，一般家庭里常见的就有竹桌、竹椅、竹凳、竹茶几、竹躺椅等。

用竹子制作的这些日用品，坚固、美观、实用，价钱也便宜。就拿竹椅子来说吧，既结实又光滑，夏天人们坐在上面还感到凉丝丝的挺舒服。去南方旅行或探亲的北方人，有时会带回几件竹制用品。

可是回到北方不久，尤其是到了春季，这些竹制品就变样了：竹片间出现了大缝，竹针掉出来，坐到竹椅子上摇摇晃晃，"嘎吱嘎吱"响，时间一长，竹制品就散架不能用了。不但竹制品是这样，从南方运到北方的一些木器家具，也会开裂变形。

原来，这是由于湿度不同造成的。我国各地不但温度不同，降雨量不同，而且空气的湿度也大不相同。我国南方阴雨天多，雨量大，湖塘密布，河流纵横，田野里多是水稻田，而且温度比较高，所以空气中水汽的含量大，湿度也就大。竹、木材料中水分的含量相应的也会高一些，在自然条件下制作的家具里也就含

有较多的水分。北方地区降雨少，田野里水面也少，空气湿度本来就低。到了春季，红日高照，气温急剧升高，蒸发量非常大，可是又干旱少雨，所以空气十分干燥。从南方运来的竹木家具，由于竹木里面所含水分的散失，就会收缩变形，要么开裂，要么就散架不能用了。

## 隔岸观雨

在我国江南水乡有一个很特别的村庄，这个村庄的南面和北面都有一条河流。一到午后，在村庄周围附近便出现电闪雷鸣，紧接着便下起了一阵倾盆大雨。这时，人们都走出家门，站在门外隔岸观雨，而他们从不担心这雷雨会淋到自己头上来。

其实这是一种冷湖效应。盛夏，由于地貌不同，空气受热程度有明显差异。太阳光到达裸露的地面后，非常容易被反射到大气中，使近地层上的空气温度很快升高，成为一个热源；当太阳光到达江湖与河流水面后，一部分日光透射到水中，而反射到空中的热量较少，成为一个冷源。这种由于水面而产生的效应就是冷湖效应。

热雷雨的产生，是由于低层暖湿气流不断上升所致。在陆地上，有些地方温度较高，可以连续不断地提供水汽和上升气流，又因受低空气流的影响，热雷雨总是向一定的方向移动。

当雷雨云团移到江湖河流水面上空时，遇到的是冷源，在冷湖效应作用下，空气下沉，雷雨云团得不到上升的支撑力和水汽的输送，便立即减弱甚至停止。该村庄由于南北濒临水面，河对岸上空的雷雨云团因为受到冷湖效应的影响，就不能移到村庄上空了，所以人们就只能隔岸观雨。

## 冰雪盖成的房屋

格陵兰岛和加拿大北部的爱斯基摩人用长刀把密实的雪切成

一块块宽大厚实的雪砖，用雪砖在地基上砌成直径约为3米的圆形基础。人站到里面用雪砖层层向上砌，当砌到两三层时，一侧开一个门供临时出入。每砌一层就往里缩小一点，砌到顶上时就只剩一个小洞，最后用雪砖堵住小洞，砖与砖之间的小缝隙用碎雪封密。为了不让室内与外界完全隔绝，他们再挖一条地下通道便可自由进出。

那么，雪屋内是否跟冰窖一样寒冷呢？人在里面会不会冻成冰棍呢？当然不会。屋内要比外面暖和得多。因为雪屋是全封闭的，严密得连缝隙也没有，外面的冷空气无法钻到里面去。雪的传热性又很差，0.2米厚的雪砖是很好的隔热材料，使雪屋里的热量不易散发出去。

当旅行者被寒风冻得四肢麻木时，只要一踏进雪屋，就会倍感温暖。有的还在雪屋中央燃起篝火，那更是温暖如春。若在旁边铺上北极熊皮，一家老少围坐在那谈笑、喝茶，真像是坐在水

晶宫里，那更是别有一番情趣。因为室外的气温在零下几十摄氏度，因而，即便烧着篝火，雪屋也不会化掉。

### 旱季水位涨，雨季水位降的奇潭

在山东省济南西部腊山岩体深处有一奇潭，越到旱季水位越涨，越到雨季水位越降。

据发现深潭的原腊山石料厂厂长介绍，前些年，石料厂在山上放了最后一炮后，也就有了这处深潭。此潭幽深莫测，据说探测至127米处仍未探到底，潭水究竟有多深仍是一个谜。

此潭蓄水量很大，曾在72小时内从潭中抽水7000立方米，水位不但未降，反倒上升了0.2米。更令人奇怪的是，这潭水干旱季节水位上升，雨季反而下降。3月份干旱时，潭中水位不但未下降，反而上升1米多，而到了八九月份的雨季，水位反而下降近2米。2011年春天虽持续干旱，但三四月份潭中水位较上年10月份上升了8米。 最近，经山东省卫生防疫部门化验，潭水甘洌纯净，无菌无味，内含锶、钙、镁等多种矿化微量元素，长期饮用，对人体肝、胃、心、肾等大有益处。

据地质水文专家分析，此潭所处的位置地质结构为花岗岩与石灰岩侵入体结合部，其形成于亿年以前。潭中蓄存的水源受周围地带水水位升降变化影响极其微弱。那么如此宝贵的天然矿泉水到底来自何处，有关部门正在做进一步研究。

### 阴晴分界的火焰山

长期居住在台湾北部的人都会注意到，冬季阴雨的日子特别长。但在中南部地区，每年进入10月份以后，直至翌年的梅雨季来临前，天气总是晴朗，难得有几天下雨的日子。

南北天气差异形成强烈的对比。在冬天，曾在高速公路行车的人可能都有经验，当车子由北部南下时，沿途天空总是那么阴沉，尤其到了苗栗一带，经常云雾弥漫，有云深不知处的感觉；然而一过火焰山，下坡到了大安溪桥，暖和的阳光乍现，眼前呈现另一片蔚蓝的天空，不禁令人心情开朗起来。 为什么仅一山之隔天气会有这么大的差异呢？因为冬季挟带冷湿空气的东北季风的厚度多在2000米以下，在台湾东北部受到高度2000米以上的中央山脉、雪山山脉的阻挡，使东北季风到了火焰山一带已成强弩之末。除非东北季风特别深厚，一般因地形作用，在迎风面所产生的低层云及地形雨，不易翻山而过影响到台中地区。因此，火焰山成了天然的分界，使山南与山北的自然景象迥然不同。

## 冰天雪地里的北极柳

北极大地天寒地冻。这里生长着一种特别令人惊讶的北极柳

树。柳树在世界各个地方都能看到，它长得高大巍峨，是多年生木本树木。但是，在北极草原上的柳树，虽然也是木本，却非常低矮，小得可怜，只能贴着地皮生长，就连灌木都算不上。鲁智深倒拔垂杨柳是为了说明他有力气。但北极的柳树不费吹灰之力，只要轻轻一提就会连根拔起。

北极的气候特别，与其他几个洲的陆地相比，这里风大时日数多且风力强，柳树稍稍长起来就会被吹倒，所以只能匍匐在地；而地下面又是冻土层，树根扎不下去，所以它只能长成丛状，看起来可怜兮兮的。

## 看不见的隐形云

前苏联科学院西伯利亚分院大气光学研究所的学者们在中亚、西伯利亚和远东地区上空发现了一种隐形云，又称透明云，这在人类大气观测和研究历史上是第一次被证实。据说，这个研究所的学者们在乘飞机对西伯利亚和远东地区上空的大气进行观测时就曾发现，天空中阳光灿烂，万里无云。可飞机上的云层观测雷达屏幕上却出现了清晰无误的云层显示。经过几年的连续观察和测试，学者们又在其他地区上空多次遇到这种隐形云。

1982年，学者们在西伯利亚飞行时遇到了一块隐形云，经测定，发现它的面积达600平方千米，云层厚度为500米。

大气光学研究所所长祖耶夫指出：隐形云由极微小的分子构成，几乎不反射阳光，因此人眼看不见。这些微小的分子主要来自火山爆发的微粒尘埃，它们在高气压的影响下，一般在1200米至3500米的空中形成隐形云。 有意思的是，隐形云只在阳光充足的晴朗天气才有，落日时刻最容易捕捉到它们。隐形云的长度一般在40千米以内，云层厚度在100米以内。这个研究所把这种隐形云定名为"中范围悬浮颗粒云"。这种云的有关机制以及对大气的影响等，还在进一步研究中。

延 伸 阅 读

在我国四川省宜宾县隆兴风景旅游区内，人们发现一株生长了上千年的古榕树上又生长出一棵油樟树，形成了"树上长树"的奇观。这棵古榕树树干周长12米，油樟树直径约为15厘米。林业专家认为，这种奇观形成的原因大概是飞鸟衔来油樟种子落在古榕树分支之间的洞穴里，久而久之便"寄生"在古榕树上。

# 神秘的怪雨奇观

## 怪雨现象

1819年，美国纽约州明斯特里特城内一条鱼突然从空中落下，鱼长达0.3米。

1830年9月底在法国里昂城曾下过"青蛙雨"。

1841年，美国波士顿城曾发生过几次鱼雨和乌贼雨，其中一

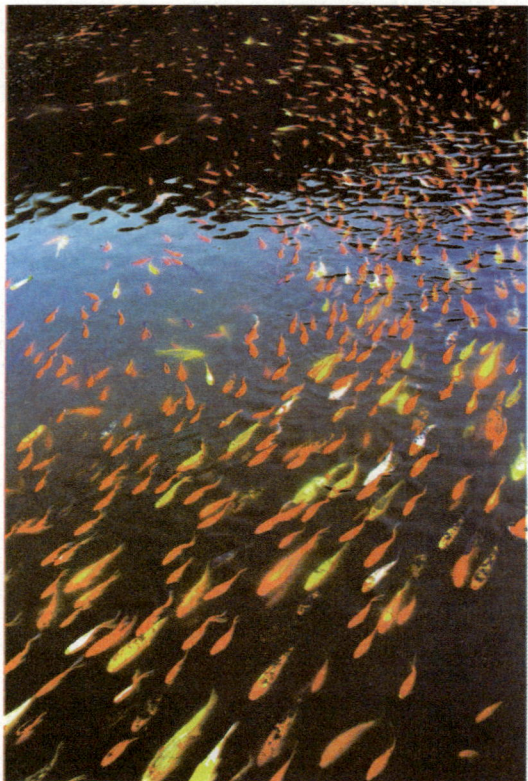

些乌贼长达0.25米。

1859年2月9日上午11时，英国格拉摩根郡下了一阵大雨，雨中夹杂着许多小鱼。

1879年，美国萨克拉门托城的奥地迪菲罗基地曾发生过几次"鱼雨"。

1894年，在美国密西西比州的布菲纳城内，一只被称为"古菲尔"的龟突然从天空落下，龟被一团雪包着。

1933年，美国伍斯特城和马萨诸塞城分别落下大量冰冻的鸭子。

1949年10月23日，美国路易斯安那州马克斯维下过一次"鱼雨"，同年在新西兰沿岸也曾下过"鱼雨"，几千条小鱼随雨从天而降。

每当发生怪事之时，很多人都极力找出一些原因，以说服众人，这是毫不奇怪的。但是，科学家们与众不同，因为他们不能空口无凭地解释科学怪事。

### 稀奇古怪的雨

小豆雨。巴西巴拉比州于1971年年初，下了一场小豆雨，巴西的农业专家通过论证分析，这是一场暴风把西非的一大堆小豆给刮到了天空大气层中，然后随之降到了这里。

银币雨。1940年6月15日，前苏联高尔基地区的一个集体农庄，一场狂风暴雨中降下了数千枚中世纪银币。据说这是由于山崩把藏在山洞里的银币给抖了出来，一场大的龙卷风将之带到空中，然后降落地面。

花粉雨。莫斯科于1987年6月下了一场多年来罕见的花粉雨，雨水呈淡绿色。雨过天晴，莫斯科大街上和郊区的柏油马路上到处可见绿色的尘埃。这场雨经过专家分析是由于很多花木在开花茂盛时期，花粉被吹到大气层中，又被雨水带回地面。

报时雨。在印度尼西亚爪哇岛南部的土隆加贡，每天都要下两场非常准时的大雨：第一次是在下午3时，第二次是在下午5时30分。人们把这种准时下的大雨，叫做"报时雨"。那些地处偏僻的山村小学，过去因没有钟，就以下雨作为学校作息时间：第一次是上学时间，第二次是放学时间。多少年来，大雨十分遵守时间，从未发生过差错。

## "苹果雨"从天而降

2011年12月12日，英国考文垂市下的一场雨却令见惯了恶劣天气的司机们大跌眼镜——当天晚高峰过后不久，考文垂康敦区的一条街道上突然下起了"苹果雨"，很多司机和行人无从躲闪，被从天而降的苹果砸中。

当地居民对这场苹果雨吃惊不已。有人认为这些苹果是从飞机上掉下来的，也有人怀疑这是孩子们的恶作剧。

一位当地司机说，她在下午6时45分的时候同丈夫开车经过了康敦区，"这些不知道从哪来的苹果突然从天而降。当时路上还有其他车辆，大家都急忙刹车躲避，但我们的引擎盖还是被这些又小又青的苹果砸中了。我想有一些汽车肯定被砸坏了。"

当时，这名女司机和丈夫根本不敢相信自己看到的情况，后来他们还开车折回康敦区的这一街道，仔细检查了一下路面，结果发现路上还散落着苹果，有很多已经被车辆压碎了。她说："我对这附近非常熟悉，这儿根本没有苹果树。"

英国气象局14日对天降苹果的现象进行了解释，称这可能是空气中水压形成的漩涡造成的，即在风雨天气中，苹果可能会被暴风形成的气旋卷走，并随着气流一路前进，最后从天空中掉落下来。据悉，暴风能够裹挟着苹果前进约161千米。

## 怪雨形成之谜

对于怪雨，科学家们一直在研究，于是各种解释纷纷出现。迄今为止，世界各国普遍的解释是：怪雨现象是旋风造成的，即一股旋风将河流、湖泊和大海中的

水席卷而起，带到空中，旋风内有许多水生动物，旋风在空中旋转。不久，由于地球引力的作用，海水或湖水连同水中的动物一齐落到某地，因而形成了怪雨。这种解释听起来虽颇有道理，但是它却不能从根本上解释怪雨现象。

因为，倘若依这样解释，那么，就意味着旋风同样也具有一些难以想象的能力，即在空中将水中的动物进行选择，然后分门别类加以区别，最后再分类扔到地面上去。

瓦拉亚姆·库里斯在书中谈到怪雨现象和旋风解释时提出了一些可供参考的看法。

首先，我们必须承认，不论运送这些动物的工具是否是旋风，这种工具一定能够每次都选择好一种动物，或是一种鱼，或是青蛙，或为其他任何一种动物。

其二，这种工具在运送过程中还要进行更仔细地分类，即将大小一样的鱼或青蛙集中在一起。

其三，我们发现，这些动物从天上落下来的时候，并未夹带着任何其他东西，如沙子、树叶等。这表明，它们曾经过了一次挑选。

### 不解的石雨之谜

1906年3月的一天，荷兰探险家德乐特勒西特·库罗汀迪克结束了长途旅行后，风尘仆仆地回到基地。深夜，突然一声物体撞击地板的声响把他惊醒。

他起身一看，发现有一颗从未见过的黑色小石子掉落在地板上。小石子好像是穿透屋顶掉下来的。库罗汀迪克让人出去观察，周围没有发现任何异常情况，然而，小石子仍然像下雨一样不停地从屋顶上掉落下来。

第二天天亮后，库罗汀迪克仔仔细细地观察了屋顶内外，奇怪的是，看不到一点石子穿插透过的痕迹。可是到了晚上，黑色的小石子又下雨般地穿过屋顶落下来。为了弄明真相，他把几颗小石子当做标本收集起来交给了专家。专家们对这些从未见过的石子也感到莫名其妙。

这种能穿过屋顶而又不留下任何痕迹的石雨究竟是怎么回事？它们又从何而来呢？至今还没有人能解开这个谜。

延 伸 阅 读

1043年和1334年在我国山东省、河南省等地曾下过"血雨"；1979年8月15日21时，湖南省长沙县和民凰县的一些地区，下了一场罕见的"黑雨"；东北兴安岭林区曾下过"黄雨"；1982年6月8日重庆市郊区某地下过"酸雨"。

# 海市蜃楼与海滋

## 沙海蜃楼景观

1991年8月18日，一辆长途客车在青海省察尔汗的"万丈盐桥"的公路上行驶。9时55分，当汽车到达距格尔木市70千米的时候，旅客们惊奇地发现在西北无垠荒漠的尽头，突然出现一片水泽，随着汽车的前行不断变幻位置。

10时14分，淡蓝色的水泽从西北转向正西方，并奇迹般地从水泽中叠化出一座座白色的大楼，错落有致，时隐时现。大约过了37分钟，楼宇逐渐减少，只留下一片水带，把远处的沙丘环环托起，恰似大海中的一座座小岛。10时35分车到流沙坪，这一奇观慢慢隐去，远处留下一片雾霭。

17时5分，客车在敦桥公路348千米处，在客车左边约6000米的地方，清楚地看到了一片蔚蓝色的湖泊，湖畔伴有一片金色的麦田。这一奇观尾随客车行走了105千米，当客车行驶到海拔3822米的金山口时，景观在279千米处消失。

这一壮丽的沙海蜃楼景观，自然给旅客们的摄影机里留下了许多奇妙的镜头。沙海蜃楼是大气光学现象的一种，并非什么妖魔鬼怪显灵。每年的春夏之交，是海市蜃楼奇景的频发期。海市蜃楼常常出现在世界各大洋及沿海地区。我国的蓬莱和日本的横滨都属于海市蜃景的多发地区。

### 另一种海上奇景

1988年春夏之交，由于气象海况异常，蓬莱阁对面的庙岛群岛一带海域，曾多次出现了海上奇观。一些报纸、电台、电视台先后报道了海市蜃楼奇观。后经科学家详细的对比分析，鉴别出这一年中出现的种种奇观，都不是真正的海市蜃楼，而是另一种海上景物奇观——海滋。

1989年10月6日到8日下午，庙岛塘连续出现海滋。以南长山岛的海滨路和老码头为观望点，西北向的宝塔门、珍珠门水道上的岛礁、船只，态势异常。犁具把如牛拉犁，躬身耕耘，大有在暮色苍茫中扬鞭催蹄之状。原来的犁具把上端横出一块把握柄，下端增生出一块底座，好像犁下翻出的泥浪。

螳螂岛东侧的香炉礁变成了群体礁，星散在水面上，宛如雨中行人撑伞过街。珍珠门水道出进、停泊的船只都飘飘如仙，脱离了海平面，形同天外来舟。烧饼岛周围养殖区的舢板都在悬空作业，水面纵横阡陌的塑料浮子，均"漂"起来了，比眼前的浮子升高一级。总观全景，给人以游离感、戏变感。

2003年7月30日上午，大连不少市民都看见大连港附近海面上有一个较大的山体轮廓，右侧则是连绵起伏的小山体轮廓，大约有十多个小山头，一个小山头上还隐约可见烟囱的影子。

附近一办公楼上的市民说，10时左右，他在17楼的办公室里溜达，突然发现平常一望无际的海面出现了山，虚无缥缈，扑朔迷离，非常美。他连忙招呼同事来看奇观，一位同事还用数码摄像机将这些景观录了下来。"难道是海市蜃楼？"大家一脸疑问。该市民说，这些山体一直在变化，有时大山体清晰些，有时小山体清晰些，好像还在不断移位。13时，海面上的山体比上午见到的缩小了一圈，轮廓也有些模糊。17时左右，海面上的山体已经模糊不清了。这不是海市蜃楼，而是海滋现象。

### 海市蜃楼和海滋的区别

其区别在于一远一近，一虚一实。如在沙漠上空或东海海面上空出现万里以外的伦敦城的景色，就是海市蜃楼。而在海岛上面重现本岛之景，则是海滋。海市蜃楼与海滋两种景观，其形成原理在本质上是有所区别的。当异地景物被阳光折射到空气稀薄的高空后，恰好造成适宜的角度，又经不同密度的空气层的传递折射回低空，平静的海面即成海市蜃楼的地面接收站。

所以，海市蜃楼是来自异地的虚像。而海滋的景物取自当地海面上的实体，当水温与气温存在较大差异并且海面上空气层产生强逆温时，低空海面生成密度较大的"水晶体空气层"，再由阳光折射就形成了海滋。海市、海滋、平流雾，是大海之上的三大自然景观，它们都能给人以虚无缥缈、扑朔迷离的美的享受。

延 伸 阅 读

海滋作为一种自然景观，我国在1600年以前就有了文字记载。如晋人伏琛在《三齐略纪》中记载："海上蜃气，时结楼台，名海市。"宋人沈括在《梦溪笔谈·异事》中记载："登州海中，时有云气如宫室、台观、城堞、人物、车马、冠盖，历历可见，谓之海市。"

# 罕见的彩虹奇观

## 火彩虹

高空燃烧彩虹的现象叫火彩虹,是一种发生在大气层中罕见的自然现象。据说高空中卷云层所在的高度至少要有20000米,卷云层里的冰晶数量要足够,另外就是太阳照射卷云层的角度正好要为58度。

## 雪茄状彩虹

2006年10月20日18时54分左右,云南省昆明市刚刚下过一场大雨,雨后数分钟,天空转晴并在市东北角上空出现一道色彩艳丽、炫目的彩虹,这条彩虹不是一个桥的形状,是直线形状,一

头伸入云端，一头垂进山间，酷似雪茄。由于这种现象在昆明很少见，广大市民无不称奇，不少路人看到后掏出手机狂拍。

据昆明气象台介绍，这种现象在昆明很少见。2006年10月19日傍晚，昆明市区出现小范围阵性降水，天上的云层根据其所处的高度分为高、中、低三层，局地阵性降水发生后，天空中的中、低层云都散开了，天空中只剩下了高层云。高层云处在天空中的位置很高，温度却随高度的升高变得更低。云层到达一定的高度后温度下降到0摄氏度以下，高层云结构就出现冰晶状。形状酷似雪茄状的高层云受到夕阳的反射，很自然就出现了美丽的彩虹。

### 雾虹

它是一种与彩虹相似的天气现象，太阳光经由水分子反射和折射后形成。其在空中出现时，看起来像是一座拱形雾门。雾虹没有颜色，显示为白色，有时被称为"白色的彩虹"，原因是水滴非常小，以至于光的衍射效应变得很重要，盖住了颜色。

在彩虹的内层，光线是以清晰明确的路线被折射而形成的。雾虹则是由更小的水滴从更广的范围反射太阳光形成的，所以雾虹有时呈现出淡淡的蓝色和微红色。这种奇异的景象经常出现在丘陵、山区和冷海雾中，还偶尔出现在伴有雾的日出时分。

2010年5月，西班牙摄影师亚历克斯·图多丽卡在西班牙加那利群岛拍摄到了雾虹景观。2011年12月，俄罗斯业余摄影师萨姆·多布森在一次北极探险活动中拍到了罕见的雾虹。

### 双重彩虹

2009年8月26日晚，英国联赛杯在英国唐卡斯特郡体育场进

行。正当唐卡斯特球队同托特纳姆热刺球队开始进行第二轮比赛时，球场上空忽然出现了罕见的明艳的双重彩虹，形成了一幅漂亮的球场背景幕。

2009年6月9日一场降雨过后，18时左右，北京上空惊现彩虹，而且是双彩虹。2010年6月23日，深圳市民抬头仰望天空看到了双彩虹，正如电影《岁月神偷》里说的，两条彩虹颜色相反，让刚看完电影的深圳人着实为自己的亲眼所见兴奋不已。

## 月虹

1961年1月5日22时，前苏联科学考察船上的科学家们，在太平洋热带地区观察到了月虹；在天山伊塞克湖上空，人们也看到了月虹的美丽身影。那天夜里，湖上先是刮起了大风，接着又下起了大雨，雨过天晴后，天上出现了一轮明月，这时，一道月虹横跨南北天空，景象十分壮观。

1984年9月11日晚，辽宁省新金县普兰店镇在经历一阵小雨之后，天空放晴，黑云迅速散尽，不一会儿，一轮硕大圆满的皓月出现在天空。20时许，有人惊奇地发现在西方的半空中出现了一条弧形光带。光带从南方伸向北方，色彩虽不太分明，但在明亮的月光下，仍可分辨出其上层的淡红色和下层的淡绿色。

经过专家的判断分析，确认光带便是极为罕见的月虹。月虹持续大约5分钟后，随着天上浮云的移动，渐渐消失在了空中。

1987年6月7日，人们在新疆乌苏县城的上空也看到了令人惊叹不已的月虹。当时乌苏县城的一半天空为黑云所笼罩，而另一半天空却一碧如洗，明亮的月盘挂在天幕上。在这种奇异的天空景象下，一条乳黄色的月虹悄悄出现了，它全身红绿相间，像一座美丽的彩桥，一头连着黑云云底，另一头却悬在湛蓝的空中。月虹持续了10多分钟后，随着黑云逐渐占领整个天空而消失。

据气象专家介绍，月虹是一种罕见的大气光象，形成原理与虹基本相同。虹是雨后初晴，天空中还漂浮着大量水滴时，阳光照射到水滴上，经过折射、内反射、再折射形成的。在明月当空的夜间，如果大气中有适当的雨滴，月光照射到这些大量悬浮的小雨滴上时，也会出现虹的奇景。因为月光比日光弱得多，因而月虹也比日虹暗淡，多数月虹呈白色，难以被人们发现。

延 伸 阅 读

2008年7月上旬，除了上海之外，浙江、贵州、四川等多个省市也在这几天出现了巨型的彩虹现象。对于短短数日间彩虹集中出现的现象，气象专家表示，这应该与当时中国降雨分布较广有关，充足的水汽造就了这一罕见的美景。

# 雷电喜欢的地方

## 广为人知的原因

广东省有一个山背村，原名"三杯"，因神话传说而得名，紧邻虎形山，一片田园风光。

然而，这个村庄并未因景色宜人而闻名，却因雷击常常光顾而广为人知。二十多年来，全村先后200多村民遭雷击。现在，雷

电一来，全村人的神经立即紧绷。

山背村是一个瑶汉杂居的边远贫困山村，海拔在60米至1400米之间，共有21个村民小组，507户近2000人。因其特殊地理环境和气候特征，自古以来，山背村就是雷击多发地，自1979年村里架设低压电线以后，雷击现象越来越严重，成为威胁山背村人民生命财产安全的一大灾害。

自1979年以来，该村先后因雷击死亡11人，受伤143人，死伤耕牛20头，毁坏电视机150台，村里变压器先后十多次被雷电击毁，房屋、树木、庄稼、田地被数次击毁。

山背村频频遭雷击的情况已经引起广东省委、省政府的高度重视。政府拨出防雷专款，帮助山背村购买安装避雷设备，彻底解决雷击问题。

## 弟弟遭雷击

2002年夏季的一个傍晚，山背村村民韩道达正在田里干活。

这时天空中忽然传来阵阵雷声。村民们纷纷进屋避雨。韩道达也急匆匆地往家里赶。刚到家门口他就看见了当村长的哥哥韩道伟，打了个招呼后，弟弟韩道达就回屋休息去了，哥哥韩道伟则继续忙着整理箩筐。

突然，天空中一声炸雷，一道闪电照亮天空，哥哥韩道伟听到隔壁房间里重重的倒地声。当他转身打开房门时，发现刚才还好端端的弟弟如今却僵硬地躺在地上，已经没有了呼吸。韩道达当场被雷电击死，这个消息立即在小村庄里传开。

## 哥哥也被雷击

雷电在山背村肆无忌惮，横冲直撞，不断击毁电线、插座、树木和房屋。村民们用尽了各种防雷手段，最简单的就是在打雷时拉下电闸，但雷电仍然无孔不入，随时都会带来致命的一击。

在弟弟韩道达被雷电击死后不久，山背村村长韩道伟也遭遇了一次雷击。他刚到家里，才跨过房门，一声雷响，他立即感到四肢无力，当时就卧倒在地上，躺在那里。农村有个习惯，不孝敬父母才被雷打，韩道伟很孝敬父母却也被雷打了。

## 火球落地留下大坑

"我家门前的空地上被雷击出了一个大坑。"山背村村民杨江清讲述，2011年8月1日，雷电在他家门前的一块自留地上劈开了一个洞。杨江清说，当天7时左右，又是下雨又是打雷。为了防雷，他连忙赶到厨房去拔插头，突然听到"轰"的一声，一个火球从屋顶飞过，直击门前的玉米地。

"当时，我吓得坐在了地上，生怕火球击中房屋。"杨江清说。那天除了留下那个坑外，屋后的一棵大槐树也被击中。

## 夫妻遭雷击一死一伤

"我幸运地捡回一命，可是老伴却永远地离开了。"山背村村民王月兰的脸上满是惊恐。

"村里农忙时，经常是天一亮就去地里干活，那天早上6时，我和老伴邓宜青赶到位于山腰的水田边，天空突然乌云密布，风也开始变大。就在我们收拾衣物，准备去躲雨的时候，突然感觉身上一麻，眼前一黑，就什么都不知道了。"

王月兰回忆说，不知过了多久，她被大雨浇醒，艰难地睁开眼睛，发现老伴倒在不远处，一动不动。"我知道是被雷击了，爬到老伴身边，拼命地摇他，但他没一点反应。"

### 一家三口同遭不测

"昨天下午14时许，父母都在二层楼房的楼顶收萝卜干。半个小时后，天空突然一声巨响，一道闪电划过，楼上传来一声闷响。"山背村村民舒乾江的大儿子舒小虎说。当他爬上楼梯时，见父母倒在地上，就用手去拉母亲，这时，又一道雷电击来，他浑身一麻滚到二楼楼梯间上，左手被烧得发黑。

幸运的是，他们一家三口人事后都被抢救了过来。像这样的雷击事件村子里已数不胜数。由于频频发生雷击事故，村民真有点谈雷色变。白天打雷下雨的时候，村民不敢外出；晚上打雷时，村民不敢开电灯、看电视和打电话。

### 专家调查"雷公"为何偏爱此地

血淋淋的事实，让雷电成为山背村人的噩梦。一遇刮风下雨，村民们躲在家里连大气都不敢透。谁也不知道一个霹雳会从什么地方打下来。在偏僻的山背村为什么会发生如此多的雷电伤人事件呢？

一时间专家们看法不一。之所以发生这样的怪现象，很可能是因为这里的地下金属矿藏。根据多次的实地探查，省气象学会发现，过去这里采过煤，并伴有硫铁矿，容易导电。

省气象学会认为，山背村年年发生雷击事故的重要原因是地质构造复杂，地下有引雷的金属及金属矿藏的可能性很大。每次这里闪电瞬间产生的电压可达30000伏，电流强度可达50000安培，半径5米内的所有物体都会被电流击穿，因为金属矿藏是一种极好的导体，很容易吸引雷电。

省防雷中心专家认为，山背村有大量的梯田，而这些梯田是雪峰山区面积最大的一片。在海拔落差1400多米的山坡范围内，梯田遍布山野，有的多达800多级。雨水季节，水顺着水沟流入梯田，然后逐层下泄，直至汇入江河。山背村于是被层层叠叠的梯

田所包围。由于水也是一种导体，土壤中的水分含量较大时，也很容易吸引雷电。

专家进一步解释说，大片水性梯田可以形成充足的水汽，如果有热力作用，动力抬升，不管是大的系统还是具体产生对流的系统，在这个地方都容易产生一些对流云。有水作为良导体，再加上对流云的出现，就意味着雷暴的发生。

就在专家们为山背村的雷电困惑不已的时候，省防雷中心主任查阅了历年的气象观测记录后发现：山背村全年至少有两个月以上的雷雨天气。省防雷中心主任在观察了整个山背村的地形后，有了一个重要的发现。这里的地形极像个漏斗。不论从哪个方向进来的系统，都朝向这个地方。

省防雷中心主任分析，山背村正好处于一个类似于"铁锅"的山坡之中。风从任何一个方向过来，都要经过山背村，风速越大，遇到陡峭山坡时，抬升力就越强，雷暴就更容易发生。

云层中的雷电会释放出薄而透明的电光，又名光梯。它们会在云层中以1/100万秒的速度穿梭而过。光梯偶尔会离开云层，跳到地面上，这就很容易与山坡上的电线杆发生接触。强大的电流就会奔流而下，沿着电线传输到村民家里的电源上，击穿插座，并把人击倒在地。

### 避雷针让村民躲开厄运

调查结束后，省防雷中心制订了山背村的防雷方案，在大部分村民家中安装上了简单而又有效的避雷针。据村民反映，自从安装了避雷针后，再也没有发生雷电直接击中房屋的事件。

省防雷中心主任内心仍然充满了担心。因为避雷针只对直接击中房屋的雷电有效，而山背村是雷暴多发区，村子周围的电线杆为强电流提供了很多机会，一有雷暴，电流就可以沿着电线，绕开避雷针，轻松地进入房屋，同样能置人于死地。

看样子，要让山背村村民彻底远离雷电的偷袭，所有电路的开关还必须进行彻底改造，以使之能承受巨大的电流冲击。

## 延 伸 阅 读

1996年7月20日，印度东北地区雷雨不断，雷电击中了比哈尔邦的一座校舍，造成15名小学生死亡，多人受伤。雷电还将树下5个人全部烧死，将另外4名在田间劳作的农民击死。

# 神秘的红雨现象

## 神秘"红雨"倾盆而下

2001年7月25日，印度西部喀拉拉邦突降一场血红色暴雨，有时雨量之大甚至如同深红色床单般倾盆而下。这场雨断断续续下了两个月，将海岸、树叶都染成深红色。当地居民用自来水洗衣服后，衣服也变成粉红色。

科学家感到震惊，印度政府下令进行调查。为什么会下"红雨"，红色从何而来？这一奇怪的现象立即引来世界各地的研究者前往此地一探究竟。

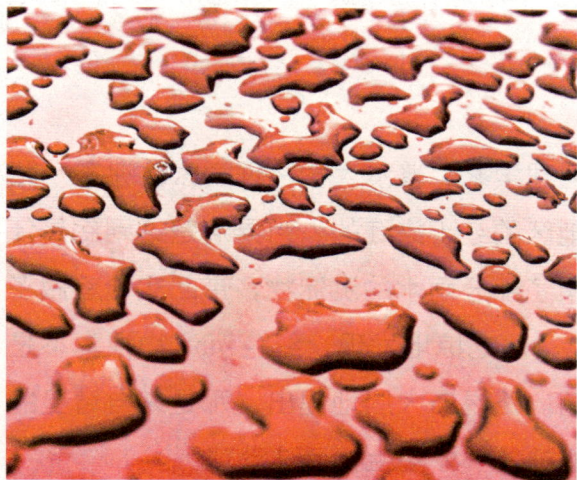

## 红土使雨水变红

一些调查人员认为，红雨不值得大惊小怪。降雨发生前，强风带来了阿拉伯地区的红土，随着降雨，红土夹杂在雨水中降落，使雨变成了红色，整个降雨区域也因此被染得一片

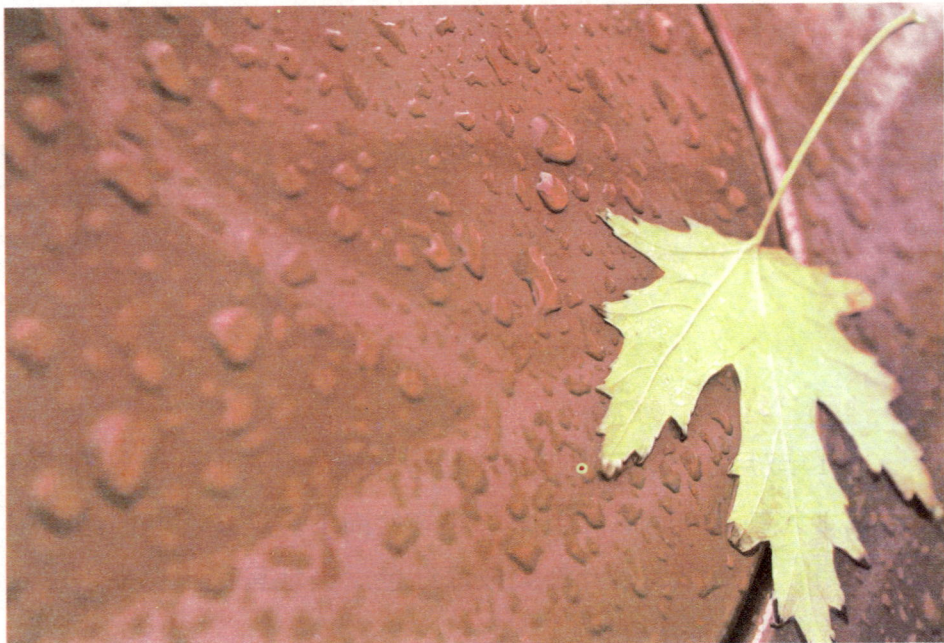

鲜红。

　　但是，这种说法当即遭到许多人的反对。理由是下的时间太长了。设想一下，某个地区一连两个月断断续续地下雨，这可以理解。但是突然两个月连续不断地刮强风，不断地带来阿拉伯地区的红土，这似乎难以成立。

### 疑是外星细菌

　　印度甘地大学的应用物理学家、普尔大学物理学家戈弗雷·路易斯就不认为这是阿拉伯地区的红土染红的。为弄清楚这到底是什么，他特地在喀拉拉邦收集了部分雨水的沉淀物，带回实验室做了综合分析。经过5年的研究，他吃惊地发现，红色沉淀物根本不是泥土、灰尘，而是外星细菌。路易斯大胆地提出：那是来自彗星的外星生物，当年那场雨可能就是"外星生物登陆地球"。

倘若你通过显微镜仔细观察就会吃惊地发现，红雨颗粒形状大小不一，有球形、椭圆形和长椭圆形，1000倍显微镜下可见形状，有细胞膜，很厚，但无细胞核，是一种类似于细菌的物质。

路易斯说："通过显微镜观察，你能发现它绝不是泥土，反而有明显的生物特征。"

根据成分分析，瓶中沉淀物含碳50%，含氧45%，还含有部分钠和铁以及其他成分，这与微生物的构成极其相似。看来它们是从地球外某个星体降落至地球上的。

## 疑是彗星或流星雨

路易斯同时发现，就在2001年7月25日下红雨前的几个小时里，当地发生了极为强烈的音爆，喀拉拉邦的居民房屋受到极大震动。

根据当时的情况，除非陨石闯入大气层，否则不会产生那样剧烈的反应。因此支持路易斯理论的科学家们由此推断，当天一颗彗星在经过地球时，一些碎片脱落下来，穿过大气层坠落地面。而在这一过程中，碎片由于受到摩擦，烫得发红，分裂成为更多碎片，并伴随着降雨落至地面。由于那颗彗星中含有丰富的有机化学物质，而地球上的生命也是由微生物不断进化而来，所以雨水中的沉淀物也具有生命初期的特征。

不过，路易斯的离奇理论遭到许多人质疑。但也有许多科学家认为，路易斯的发现或许不正确，但他突破了常规思维。英国谢菲尔德大学微生物学家米尔顿·温赖特也支持路易斯的部分说法。

温赖特说："现在就定论红雨究竟是什么还为时过早，但是我确定瓶中的沉淀物绝对不是泥土，而且也与地球上存在的生物不同。"最终结论还有待进一步确认。

## 延 伸 阅 读

1962年1月14日，英国阿伯丁降了一场令人惊慌可怕的黑雨。降雨前，整个天空浓浓的乌云像黑烟，随即是狂风暴雨，若是衣物上被淋到此雨滴，很难洗去。这场雨是从哪里来的呢？怎样形成的？即便气象专家多次调查，至今还是个谜。

# 黑色闪电的奥秘

## 什么是黑色闪电

在大气中，由于阳光、宇宙射线和电场的作用，会形成一种化学性能十分活泼的微粒。这种微粒凝成一个又一个核，在电磁场的作用下聚集在一起，像滚雪球一样越滚越大，从而形成大小不等的球。这种物理化学性构成物有"冷"球与"亮"球之分。

冷球，没有光亮，也不放射能量，可以存在较长时间。冷球形状像橄榄球，发暗、不透明，白天才能看到。科学家叫它黑色闪电。

亮球，呈白色或柠檬色，是一种化学发光构造。它出现时，并不伴随某种雷电，能在空中自由移动，在地面停留，或者沿着奇异的轨迹快速移动，一会儿变暗，一会变亮。

## 黑色闪电的本质

黑色闪电的形成原因科学家无法解释。长期以来，人们的心目中只有蓝白色闪电，这是空中大气放电的自然现象，一般均伴有耀眼的光芒，而从未看见过不发光的黑色闪电。

1974年6月23日，前苏联天文学家契尔诺夫就曾在札巴洛日城看到一次黑色闪电：一开始是强烈的球状闪电，紧接着，后面就

飞过一团黑色的东西，这东西看上去像雾状的凝结物。

黑色闪电是由分子气溶胶聚集物产生出来的，而这些聚集物则产生于太阳、宇宙光、云电场、条状闪电以及其他物理化学因素在大气中的长期作用。这些聚集物是发热的带电物质，容易爆炸或转变为球状闪电。

黑色闪电一般不易出现在近地层，但倘若出现，则容易落在树、桅杆、房屋及金属附近，一般呈瘤状或泥团状，看上去像一团脏东西。

由于黑色闪电的外形、颜色和位置容易被人忽视，而它本身却载有大量的能量，因而它是闪电族中最危险和危害性最大的一种。

黑色闪电体积较小，雷达难以捕捉，而它对金属又比较青睐，因而被飞行员叫做"空中暗雷"，飞机飞行过程中，倘若触及黑色闪电，后果将不堪设想。当黑色闪电距地面较近时，又容易被人误认为一只鸟或是其他什么东西，倘若触及，则会立刻发生爆炸。

## 摩亨佐达罗古城的毁灭之谜

1922年，印度考古学家拉·杰·班纳吉从印度河下游的一群土丘中发现这座古城的遗址。经过挖掘后发现，古城确实是由于一次大火和特大爆炸而毁灭的。巨大的爆炸力将半径约为1000米以内的建筑物全部摧毁了。从挖掘出来的人体骨骼的姿势可以看出，在灾难到来前，许多人还安闲地走在街道上。

是什么原因导致了这座城市的毁灭呢？科学家经过多年研究后得出结论，这是由黑色闪电所引起的。

科学家认为，形成黑色闪电的大气条件同时也能产生大量的有毒物质毒化空气。显然，古城的居民先是被这种有毒空气折磨了一阵，接着发生了猛烈的爆炸。

同时，大量的黑色闪电也存在着。只要其中有一个发生爆

炸，便会产生连锁反应，其他的黑色闪电也紧跟着发生爆炸，爆炸产生的冲击波到达地面时，就把城市毁灭了。

此外，和球状闪电一样，一般的避雷设施对黑色闪电不起作用，灵活多变的黑色闪电常常很顺利地落到防雷措施很严密的储油罐、储气罐、变压器、炸药库附近。这个时候，千万不能接近它，更不可碰它，因为黑色闪电被人接近时，容易变成球状闪电，而球状闪电爆炸的可能性更大。

**延 伸 阅 读**

前苏联军队上校包格旦诺夫，在莫斯科市的大白天里目睹到一个平稳地、冒着气的黑色闪电，一个直径大约为0.25米至0.3米，像是雾状的凝结物。它的身后呈淡红色的阴影，周围呈现深棕色的光轮，像烧红了的大火球，飞快地滚动，不久就爆炸了。

# 雪的近亲家族

## 霰

夏天，在高山地区，天空里经常有许多过冷水滴围绕着结晶核冻结，形成了一种白色的没有光泽的圆形颗粒，气象学上把这种东西叫做霰，许多地方口语称它为米雪或雪霰。霰的直径一般在0.3毫米至2.5毫米之间，性质松脆，很容易压碎。霰不属于雪的范畴，但它也是一种大气固态降水。

2009年11月11日一大早，陕西省西安市的市民刚出门就发现地面已经覆盖了一层薄薄的白色颗粒状的小冰粒，而风刮在脸上也明显感到比昨天更加寒冷。许多人发现早上西安的雨中还夹着一种颗粒状的小冰粒，这到底是什么呢？气象专家介绍，这种冰晶状物体是一种名叫霰的冰粒。

## 冰粒和冰雹

夏天，在北方平原地区，常常会遇到另外两种大气固态降水，这就是冰粒和雹。冰粒和雹是比较大的能够流淌的水滴围绕着凝结核一层又一层地冻结而形成的半透明的冰珠。

气象学上把粒径不超过5毫米的叫做冰粒，把粒径超过5毫米的叫做冰雹。冰雹给农业生产带来很大危害。据记载，世界上

最大的冰雹，比拳头还大，直径超过10厘米，重量超过1000克。

除了大气固态降水之外，地面上还经常出现另一种所谓"地表生长型"的固态降水，这就是霜、雨凇和雾凇。这些固态降水，虽不属于大气固态降水，仅仅是水汽在地表凝华结晶和冻结而形成的，但对人类的生产活动影响较大。霜冻是大家比较熟悉的，它经常让农业减产。为了避免霜害，人们付出了艰巨的劳动。

## 雨凇和雾凇

雨凇和雾凇对人类也并不是很友好，它们一般在高山地带出现。在过冷天气里，微小的雨滴或雾滴碰到剧烈冷却的物体表面时，便在上面形成雨凇和雾凇。

这类固态降水的强度和规模，有时是非常惊人的，往往在一两天之内，物体迎风面上能聚集一层一米多厚的冰壳，景色十分神异，好像童话里的意境。

雨凇的形成必须具备两个条件：第一，雨滴在空中时，温度已经低于0摄氏度，而且没有凝结成冰；第二，地面的温度必须比空中雨滴的温度更低。当这两个条件都符合时，雨滴下落到地面，就会因地面温度过低而急速冻结成冰晶，大量的冰晶凝结在一起，从而形成光滑的冰层。

## 冬日奇观雨凇

2005年12月的一天，一群游人在泰山山顶游玩时，就遭遇了这种奇异的天气现象。这天上午，天空晴朗，阳光灿烂，游客们玩得兴致勃勃。但下午时分，天气发生了变化，气温越来越低，天空云层越来越厚。

"要下雪了！"人们高兴起来，但令人意想不到的是，半小时后，天空淅淅沥沥下起了小雨。

"这么冷的天，怎么不下雪呢？"就在大家失望地纷纷避雨时，却意外发现：降落到地面上的雨一沾地便成了冰晶，有些落在树上、草上，甚至是人们身上的雨滴也迅速成了美丽的小冰晶。雨越下越大，很快，地上就铺上了白花花的一层冰晶，许多

冰晶连成一片，结成了又硬又滑的冰层；而人们身上的冰晶也越来越多，头顶的帽子上白花花一层，就如戴了一个银盔。

仔细观察，可以看到雨凇在树枝叶的迎风面产生冰凌状、晶莹透亮的冰晶，众多的冰晶缀结在树上，层层叠叠，亮亮晶晶，姿态各异，有的似腊梅吐艳，有的似水仙含羞，有的似秋菊怒放，也有的似牡丹摇曳；还有枝条细软的，则如白绸、银丝随风飘动，姿态万千，无不令人击节称奇，叹为观止。

据气象专家介绍，雨凇多出现在每年的12月份和次年的1、2月份之间，一般都是在天气比较寒冷的北方地区出现，南方只有在海拔较高的山区才偶尔可见。

雨凇天气可接连数日乃至数月出现，并可造成严重危害，如北方某地曾出现过一次最长的雨凇天气，该地从当年12月24日至次年2月19日连续出现雨凇天气，导致雨凇冰凌累积直径最大达12厘米，造成电线压断、树木压折，交通运输中断等严重灾害。

延　伸　阅　读

雾凇俗称树挂，是一种冰雪美景。我国是世界上记载雾凇最早的国家，我国古代人很早就对雾凇有了许多称呼和赞美。早在春秋时代成书的《春秋》上就有关于"树稼"的记载，也有的叫"树介"，就是现在所称的"雾凇"。

# 人类的灰色杀手

## 一种新的气象现象

霾，也称灰霾，是指原因不明的因大量烟、尘等微粒悬浮而形成的浑浊现象。霾的核心物质是空气中悬浮的灰尘颗粒，气象学上称为气溶胶颗粒。

空气中的灰尘、硫酸、硝酸、有机碳氢化合物等粒子也能使大气混浊，使人视野模糊并导致能见度恶化，如果水平能见度小于10000米时，将这种非水成物组成的气溶胶系统造成的视程障碍称为霾或灰霾，香港天文台称烟霞。

## 霾和雾的区别

发生霾时相对湿度不大，而雾中的相对湿度是饱和的。一般相对湿度小于80％时的大气混浊、视野模糊导致的能见度恶化是由霾造成的，相对湿度大于90%时的大气混浊、视野模糊导致的能见度恶化是由雾造成的，相对湿度介于80%至90%之间时的大气混浊、视野模糊导致的能见度恶化是由霾和雾的混合物共同造成的，但其主要成分是霾。

霾的厚度比较厚，可达1000米至3000米左右。霾与雾、云不一样，与晴空区之间没有明显的边界。霾粒子的分布比较均匀，而且灰霾粒子的尺度比较小，从0.001微米至10微米，肉眼看不到这种空中悬浮的颗粒物。由于灰尘、硫酸、硝酸等粒子组成的霾，其散射波长较长的光比较多，因而霾看起来呈黄色或橙灰色。

而雾是由大量悬浮在近地面空气中的微小水滴或冰晶组成的气溶胶，是近地面层空气中水汽凝结的产物。雾的存在会降低空气透明度，使能见度恶化，如果目标物的水平能见度降低至1000米以内，就将悬浮在近地面空气中的水汽凝结物的天气现象称为雾。

一般雾的厚度比较小，常见的辐射雾的厚度大约从几十米至一二百米左右。雾和云一样，与晴空区之间有明显的边界，雾滴浓度分布不均匀，而且雾滴的尺度比较大，从几微米至100微米，平均直径大约在10微米至20微米左右，肉眼可以看到空中悬浮的雾滴。

由于液态水或冰晶组成的雾散射的光与波长关系不大，因而

雾看起来呈乳白色或青白色。

## 成为"霾天气出现的原因"

在水平方向静风现象增多。近年来随着城市建设的迅速发展，大楼越建越高，阻挡和摩擦作用使风流经城区时风力明显减弱。静风现象增多，不利于大气污染物的扩展稀释，却容易在城区和近郊区周边积累。

垂直方向上出现逆温。逆温层好比一个锅盖覆盖在城市上空，这种高空的气温比低空气温更高的逆温现象，使得大气层低空的空气垂直运动受到限制，导致污染物难以向高空飘散而被阻滞在低空和近地面。

空气中悬浮颗粒物的增加。近些年来随着城市人口的增长和工业发展，机动车辆猛增，使得污染物排放和城市悬浮物大量增加，直接导致了能见度降低，使得整个城市经常看起来灰蒙蒙的。

## 霾为何是隐形杀手

影响身体健康。霾的组成成分非常复杂，包括数百种大气化学颗粒物质。其中有害健康的主要是直径小于10微米的气溶胶粒子，如矿物颗粒物、海盐、硫酸盐、硝酸盐、有机气溶胶粒子、燃料和汽车废气等，它能直接进入并黏附在人体呼吸道和肺叶中。尤其是亚微米粒子会分别沉积于上下呼吸道和肺泡中，引起鼻炎、支气管炎等病症，长期处于这种环境还会诱发肺癌。霾天气还可导致近地层紫外线的减弱，易使空气中的传染性病菌的活性增强，传染病增多。

影响心理健康。阴沉的霾天气容易让人产生悲观情绪，使人精神郁闷，遇到不顺心的事情甚至容易失控。

影响交通安全。出现霾天气时，视野能见度低，空气质量差，容易引起交通阻塞，发生交通事故。

延 伸 阅 读

灰霾又称大气棕色云，在中国气象局的《地面气象观测规范》中，灰霾天气被这样定义："大量极细微的干尘粒等均匀地浮游在空中，使水平能见度小于10千米的空气普遍有混浊现象，使远处光亮物微带黄、红色，使黑暗物微带蓝色。"

# 可怕的火旋风

## 什么是火旋风

火旋风又叫火怪、火焰龙卷风，是指当火情发生时，空气的温度和热能满足某些条件，使火苗形成一个垂直的漩涡，并旋风般地直插入天空的罕见现象。火焰龙卷风多发生在灌木林火中。火苗的高度9米至60米不等，持续时间一般只有几分钟，如果风力强劲能持续更长的时间。

火焰龙卷风的形成需要具备一定条件：强烈热量和涌动风流结合在一起将形成旋转的空气涡流。这些空气涡流可收紧形成类

似龙卷风结构，旋转着吸入燃烧残骸和易燃气体。

在火灾中，火的热力令空气上升，周围的空气从四方八面涌入，形成辐合，火焰龙卷风便形成了。据说在日本关东大地震中，火灾处发生了好几起火焰龙卷风。

## 威斯康星火龙卷

1871年10月8日，一场森林大火席卷了威斯康星州东北部的格林贝湾两岸，约有1000人丧生。

那年的10月初，那里是典型的印第安晚秋晴暖天气：微风吹拂，空气暖和而干燥。在过去几周的时间里，曾有多起小灌木林和森林起火，大多是由伐木工遗留下的大量树枝树杈燃烧起来的。风小时，工人们和附近的人群还能控制住火势。

然而，10月8日正是星期天，西南风增大，使许多小火发展成熊熊大火。同时气温显著升高，从密尔沃基站的观测记录看，10月7日最高气温为19摄氏度，而10月8日则上升为28摄氏度。到10月8日晚，两处主要的森林大火形成一条旋转的火龙从格林贝城附近迅速地向东北方推进，尽管居民们全力扑救，试图阻止大火蔓延，可是烈火无情，所经之处毁掉了大量的住宅，东到弗兰克恩，西到佩什蒂戈的所有村庄全部被火龙烧毁。

### 圣玛格丽塔牧场火旋风

2002年5月，美国加州圣玛格丽塔大牧场，由山火引发的火旋风席卷一处山脊顶部。据福托菲尔介绍，火旋风核心部分温度可达1093摄氏度，足以将从地面吸入里面的灰烬重新点燃。

他说："我们尚不完全确信这一点，它只是一项理论。这就仿佛是某个人尝试点燃某种东西：如果你令其在空中膨胀得足够大，你确实可以让其燃烧，但如果它始终紧缩地像团状，它就不会燃烧。"

2006年，美国加州卡斯蒂奇附近洛斯帕德雷斯国家森林公园发生大火期间，不停旋转的圆柱状火焰呈弧形飘向空中。

### 加利福尼亚火龙卷

2008年11月15日，美国加利

福尼亚州科伦娜火灾中，一处火焰龙卷风逐渐逼近住宅区。火焰龙卷风所经之地，使该区域的物体点燃，还将正在燃烧的残骸投向周围。

由巨大火焰龙卷风形成的风流也十分危险，其风速可达到每小时160千米，足以将树木吹倒。

## 巴西圣保罗火龙卷

2010年8月24日，巴西圣保罗市出现了罕见的火焰龙卷风的自燃现象。龙卷风经过一处燃烧的田野，随后变成了一个巨大燃烧的火龙。

出现火焰龙卷风的地区已经有3个月没有下雨。异常干旱的天气和强劲的风势助长了此处的火势。巴西全球电视台报道称，圣保罗地区的空气干燥程度已赶上了撒哈拉沙漠。

这条火龙在燃烧的田野上飞舞高约数米，阻断了一条公路。为了熄灭这条火龙，当地出动了直升机。同时，圣保罗市政府为预防新火情发生，下令禁止麦收后火烧庄稼地。

**延 伸 阅 读**

德国人造火旋风：2007年8月，德国沃尔夫斯堡斐诺科学中心，参观者观看一个人造火旋风由多个空气喷射通气口形成的壮观景象。人造火旋风和现实世界的火旋风显然不同，前者保持垂直不动，后者却总在移动。

# 四大诡异云朵

## 荚状云

因其形状像一块凸透镜，在气象学上一般被称为凸透镜云，中文则为荚状云。这是一种高层小卷积云现象，是正常的大气现象，不过表现得较为极端。

在大陆副热带高压的控制下，虽然天空晴朗，但在高空，局部不均匀的冷热和水汽，常会发生小范围水汽冷凝成云的现象，遇到相对较暖气流会马上消失。很多不明飞行物就是荚状云，即所谓飞碟云。荚状高积云，云体中间厚边缘薄。云体中间呈暗灰色，边缘呈白色，轮廓分明，一般呈豆荚或椭圆形，孤立分散在天空中。每当荚状云遮挡日、月光线时，即出现美丽的虹彩。

荚状云的成因多是由于空气流经山丘，受地形作用影响，空气被抬升至大气上方，气流在山丘后方以波浪状推进，在波峰上空气中的水分凝结成云，经过一段时间的积聚，便形成一层层像由大小不同的头盔堆叠而成的荚状云。

而另一个产生荚状云的原因是大气中局部上升气流和下降气流相遇所致。上升气流绝热冷却形成的云，遇到上方下降气流的阻挡时，云体不仅不能继续向上升展，而且其边缘部分因下降气流增温的结果，有蒸发变薄现象，故呈荚状，气流越山时，在山后引起空气的波动，也可形成荚状。

荚状云如果孤立出现，无其他云系相配合，多预示晴天，农谚有"天上豆荚云，地上晒煞人"。荚状高积云由山地影响气流

形成的驻波作用而生成，多出现在晴朗有风的天气。

## 乳房云

乳房云的出现通常预示着暴风雨天气的降临，世界各地经常出现这种奇异的气候现象。美国加州大学圣克鲁兹分校物理学家帕特里克·张称："这种云彩的外形看起来很奇怪，如同一个个袋子挂在天空一样。"

科学家们对乳房云的形成也做过一定的研究。美国国家大气研究中心的云物理学家丹尼尔·布雷德指出，空气的浮力和对流是乳房云形成的关键。乳房云实际是一种颠倒的气流，在下降气流当中温度较冷的空气与上升气流中温度较暖的空气相遇，就会形成一个个像袋子形状的乳房云。

　　乳房云之所以如此平坦均匀是因为其下方的热结构非常独特。在每一朵乳房云中，气温的下降和云朵的重量增加是成正比的，也就是所谓的"气温直减率"，最终两者将达到一个稳定的状态。换句话说，如果你将一个温度较温暖的气泡放在乳房云的某个地方，它根本不会上升或者下降，因为云彩中没有热量流动。这种独特的热结构通常是雷暴天气所特有的。

## 管道层积云

　　它还有一个优雅的名字叫"晨暮之光"。每年秋天，澳大利亚昆士兰州伯克顿镇上空都会出现这些长长的管状云，最长可以延伸至约966千米，移动的时速最快可达56000米，即使在无风的天气里也可能给飞机制造麻烦。

　　关于这种神秘云彩的形成原因，之前一直未能有人给出确切的答案。德国慕尼黑大学的气象学家罗杰·斯密斯在经过长期研究后揭开了管状云的神秘面纱。

晨暮之光现象是昆士兰州约克角半岛附近大海和陆地所形成的独特地理位置而产生的一种特殊的气候构造。

每到秋天，来自东部的信风在白天将海风吹过半岛，这股风在深夜又会遇到来自西海岸的海风，两股海风碰撞之后会产生波状扰动，然后转向西南方运动并进入内陆，这是晨暮之光形成的很重要的原因。

接下来，潮湿的海洋空气在早晨升起后遇到进入内陆的海风，空气因此冷却凝结形成一条管状的云彩，这就是晨暮之光。因海风进入内陆的次数不同，形成管状云彩的个数也不同。

## 珠母云

在较高的纬度地区，在距地面20000米至30000米的平流层内，有时可见到一种很高的云，叫珠母云，也叫珍珠云。它出现的地方一般都在南北向山脉的背风方向，外形呈明显的波状或荚

状，可见多由空气波动而成，可维持数天。在白天，它看上去像薄卷云，但在日出日落时，它有蚌壳内部那种光泽，非常明亮，并以光谱中所有的颜色接连转变。珠母云的色彩有时十分鲜艳，以致地面雪层也被照映成为彩色的。这种彩色是由云中粒子的衍射产生的，这些粒子十分均匀而微小，直径为2微米至3微米。但这些质点究竟是尘埃还是水汽凝结物，尚无定论。

澳大利亚气象学家说，澳大利亚位于南极洲的莫森科考站上空近年形成了一块极为罕见的珠母云。这块云团形成于2011年7月25日，当时云层处的大气温度极低。

珠母云只在处于冬季的极地地区出现，其形成条件包括大气气温降到零下80摄氏度以下。根据一个天气探测气球获得的数据，这次珠母云现象出现时，当时的大气气温为零下87摄氏度。

珠母云通常形成于极地地区上空，

位于距离地面超过10000米的平流层。日落时分，霞光穿过云层，折射出五彩斑斓的颜色，使这块云彩犹如产珍珠的贝壳一般，场面十分壮观。

"令人称奇的是，这一高度的风速接近每小时230千米。"研究者贝克说。澳大利亚的南极气象专家安德鲁·克勒科茨克说，珠母云虽然罕见，但它可能会造成长远影响。

"这些云团并非只是奇观而已。"克勒科茨克说，"它们反映出大气层中的极端情形，并可能引起导致臭氧层破坏的化学改变。"

珠母云以前叫贝母云，多出现在高纬地区离地20000米至30000米的高空，厚约2000米至3000米，挪威和阿拉斯加常见。云体具有珍珠般光泽，透光如卷云；它又伴有较淡的紫、蓝、红、黄等近乎同心排列的光弧，犹如阳光下贝壳闪耀的色带，鲜艳夺目，十分养眼。

　　在高纬平流层底，大气温度约为零下53摄氏度，向上温度增加，因而在平流层下部自20000米至30000米向上，逆温有加强的趋势，有利于大气凝结核的聚集。若该处同时有充分的水汽，凝聚成珠母云是可能的。但是，那里的水汽从何而来？尚待研究。

## 延 伸 阅 读

　　人们有时会在天空中发现诡异的云团，被称作穿洞云，形状犹如科幻大片《独立日》中外星飞船入侵地球时的场景，这种现象数十年来令科学家们困惑不已。2010年美国科学家的一项研究终于揭开了这个谜团：飞机可以在云团中形成穿洞云，还令其产生降雨。

# 龙卷风的奥秘

## 水龙卷与陆龙卷

龙卷风发生在水面，称为"水龙卷"；如发生在陆地上，则称为"陆龙卷"。龙卷风外貌奇特，它上部是一块乌黑或浓灰的积雨云，下部是下垂着的形如大象鼻子似的漏斗状云柱，具有小、快、猛、短的特点。

水龙卷的直径为25米至100米。陆龙卷的直径为100米至1000米。其风速一般每秒达50米至100米，有时可达每秒300米，超过

声速。

　　龙卷风所到之处便摧毁一切，它像巨大的吸尘器，经过地面，地面的一切都要被它卷走；它经过水库、河流，常卷起冲天水柱，连水库、河流的底部有时都被暴露出来。同时，龙卷风又是短命的，往往只有几分钟或几十分钟，最多几小时。一般移动几十米至10千米左右，便"寿终正寝"了。

　　龙卷风的力气也是很大的。1955年9月24日，上海曾发生过一次龙卷风，它轻而易举地把一个11万千克重的大储油桶"举"到15米高的高空，再甩到120米以外的地方。

　　1879年5月30日16时，在美国堪萨斯州北方的上空有两块

又黑又浓的乌云合并在一起。15分钟后在云层下端产生了旋涡。旋涡迅速增长，变成一根顶天立地的巨大风柱，在3个小时内像一条孽龙似的在整个州内胡作非为，所到之处无一幸免。

　　但是，最奇怪的事是发生在刚开始的时候，龙卷风旋涡横过一条小河，遇上了一座峭壁，显然它无法超过这个障碍物，旋涡便折返西进，那边恰巧有一座新造的75米长的铁路桥。龙卷风旋涡竟将它从石桥墩上"拔"起，把它扭了几扭然后抛到水中。

## 龙卷风的古怪行为

　　龙卷风还有一些古怪行为使人难以捉摸。它席卷城镇，捣毁房屋，把碗橱从一个地方刮到另一个地方，却没有打碎碗橱里的

一个碗；被它吓呆的人们常常被它抛向高空，然后，又被它平平安安地送回地上；它能准确地把房屋的房顶刮到两三百米以外，然后抛到地上，而房内的一切却保存得完整无损；有时它只拔去一只鸡一侧的毛，而另一侧却完好无缺；它将百年古松吹倒并捻成纽带状，而近旁的小杨树却连一根枝条都未受到折损。

## 龙卷风的成因之谜

前苏联学者维克托·库申提出了龙卷风的内引力即热过程的成因新理论：当大气变成像"有层的烤饼"时，里面很快形成暴雨云，大量已变暖的湿润空气朝上急速移动，与此同时，附近区域的气流迅速下降，形成了巨大的旋涡。

在旋涡里，湿润的气流沿着螺旋线向上飞速移动，内部形成一个稀薄的空间，空气在里面迅速变冷，水蒸气凝固，这就是为什么人们观察到龙卷风像雾气沉沉的云柱的原因。

大多数龙卷风在北半球是逆时针旋转，在南半球是顺时针旋转，但也有例外情况。龙卷风形成的确切机理仍在研究中，一般认为与大气的剧烈活动有关。

## 龙卷风的风速究竟有多大

龙卷风长期以来一直是个谜，正是因为这样，所以有必要去了解它。龙卷风的袭击突然而猛烈，产生的风是地面最强的。由于它的出现和分散都十分突然，所以很难对它进行有效的观测。

龙卷风的速度究竟有多大，没有人真正知道，因为龙卷风发生至消散的时间短，作用面积很小，以至于现有的探测仪器没有足够的灵敏度来对龙卷风进行准确的观测。

相对来说，多普勒雷达是比较有效和常用的一种观测仪器。

多普勒雷达对准龙卷风发出微波束，微波信号被龙卷风中的碎屑和雨点反射后重被雷达接收。

如果龙卷风远离雷达而去，反射回的微波信号频率将向低频方向移动。反之，如果龙卷风越来越接近雷达，则反射回的信号将向高频方向移动。这种现象被称为多普勒频移。接收到信号后，雷达操作人员就可以通过分析频移数据，计算出龙卷风的速度和移动方向。

## 延 伸 阅 读

龙卷风俗称"龙吸水"，这也许是它漏斗状云柱的外形很像神话中的"龙"从天而降，把水吸到空中而得名。实际上，它是从雷雨云底伸向地面或水面的一种范围很小而风力极大的强风旋涡。从19世纪以来，天气预报的准确性大大提高，气象雷达能够监测到龙卷风、飓风等各种灾害风暴。

# 球形闪电形成之谜

## 什么是球形闪电

闪电是常见的自然现象,夏天暴风雨来临的时候,突然出现一道白光,紧接着就是"轰隆隆"的响声。闪电和响声,这是雷电的基本特征。在雷电发生的时候,还能看到它的形状,大多是"ㄣ"形,也有条状和片状,都是一闪而过,给人留下强烈的印象,这是常见的闪电。还有一种奇特的闪电不是来去匆匆一闪而过,而是飘飘忽忽,缓慢地移动,能持续几秒钟,民间称它为滚雷,科学家叫它是球状闪电。球状闪电是一个无声的火球,直径大多在0.1米至0.2米之间,消失的时候,可能有爆炸声,也可能无声无息。球状闪电不放白光,可能是红色、黄色,也可能是橙色。

还有,它不一定出现在高空,也会出现在地面附近,甚至会穿过玻璃而不损坏玻璃,闯进建筑物,飘进密闭的飞机机舱。

## 千奇百怪的目击记录

1773年,两名神职人员在听到一声巨大雷响后,看到壁炉里闪耀着一颗足球大小的发光球体,这颗球随即爆炸并发出一声巨响。1956年夏的一个正午,在前苏联某个集体农庄,两个孩子在牛棚里躲雨。突然,房前的白杨树下滚落一个橙黄色的火球直向

他们逼来，一个孩子踢了它一脚，"轰隆"一声，火球爆炸了，牛棚里的12头牛被炸死了11头，孩子们被震倒在地，但没有受伤。事后，人们才知道那个火球是罕见的球状闪电。

1981年1月的一天，球状闪电光顾了一架飞行中的"伊尔—18"飞机。这架前苏联的飞机从索契市起飞，刚飞到1200米的空中，一个球状闪电突然钻进了客舱，它直径只有0.1米大，却发出一声震耳欲聋的爆炸声。

奇怪的是，人们原以为球状闪电已经消失，谁知几秒钟后，它又重新出现，惊呆了的旅客看着这个"球"在头顶飘忽，到达后舱时裂成两个半月形，随后又合到一起，发出不大的声音而后

消失了，驾驶员立即驾机降落，发现飞机头部和尾部各有一个大窟窿，除此以外没有任何损害，乘客也没有受到伤害。

### 我国发生的球状闪电

1962年夏，在山东省济南市解放军106医院，刚刚下过一场大雨，手术室护士打开窗户，窗外忽然出现一个火球，飞入屋内，打灭了屋顶的吊灯，又飞入走廊，在电闸前爆炸，造成停电，无人员伤亡。

1989年，我国山东省青岛的黄岛油库，也是由于球状闪电的爆炸，引起了油罐的大爆炸。

1997年7月14日下午，江苏省北部沛县，一个小孩在路上走着，突然一个球形闪电从天而降，垂直向小孩掉下，小孩跑了几步之后，火球落地爆炸，所幸并无伤亡。

1997年7月19日16时许，位于广西桂林市中心的广西师范大学也遭遇了球形闪电。当时天空多云，随着空中一声巨响，校内11号宿舍3楼314房间飞进一颗直径约为0.3米长的大火球。火球在屋里按水平方向运行了3米多远，落在近门口处消失。

与此同时，对面316房间里同学也看到窗外有一个碗大的火球，垂直下落。两屋的学生在火球出现时都感到有强烈的震感，有的同学说，就像被人重重地推了一下，有的说腿部发麻。

1999年3月16日下午，湖北省北部的枣阳市忽然间闪电频发，雷声惊天，当场造成9人死亡、20余人受伤的罕见灾害。据目击者称，雷击现场有一片红光，这正是球状闪电的特征。

2007年8月21日傍晚，广东省广州市海珠区赤岗路一带雷电交加，一团闪电从天而降，把目击者惊得发呆。那道闪电像一个很大的火球，发出很强的蓝绿色的光，还震坏了不少居民家的电器。2009年6月的一个下午，山东省中部的邹城下雷雨时，据目击者称，在第四中学一个球状闪电随着一声巨响和一片红光爆炸了。2009年8月4日上午，位于河北省石家庄市西兆通镇南石家庄村的村民自建一临街房屋遭雷击突然倒塌。当日9时15分左右，突然一声雷响，只见一直径约一米多的耀眼火球击中房屋西北角，瞬间房屋自北向南依次倒塌，将避雨的人员埋在废墟中。而那个火球正是球状闪电的特征。

## 球状闪电是怎么形成的

球形闪电和一般闪电的机理不同。它是怎样形成的？为什么会成为火球形态？火球的能量来自何方？为什么球形闪电的发光时间很长？为什么它有时发出轻微的"噼啪"声而最后消失掉，有时却震耳欲聋地爆炸呢？这些疑问长期以来令世界各国的科学家苦苦探寻，不得其解，各种假说相继问世。

第一种看法是美国科学家提出来的。他们在北美洲平原拍下了12万张闪电照片，得出一个看法：球状闪电是从常见的闪电末端分离出来，是一些等离子体凝结而成的。

第二种看法是前苏联科学家提出来的。1956年，大气物理学家德米特里耶夫在奥涅加河边度假。他休息时也不忘收集资料，因此在背包里总是放着一些烧瓶，以便随时采集空气样品。

有一天傍晚，遇上了暴风雨和雷电，突然他看到一个淡红色的火球，在离地面一人高的地方朝着他滚来，火球边缘放出黄色、绿色和紫色的小火花，发出"噗噗"的声音。火球滚到他眼前，拐了个弯，向上升起，滚到树丛中去了。在树丛上面火球急速地转了几个圈，很快就消失了。

　　德米特里耶夫由于职业的敏感，立即采集了球状闪电经过的地方的空气，拿到实验室一分析，知道空气里的臭氧和二氧化氮增加了。于是，有些科学家就做了一些理论分析，估计球状闪电内部的温度达到1500摄氏度至2000摄氏度，在这样的温度下，空气中的氮的性质发生了变化，从不活泼变得活泼起来，并能与空气中的氧生成二氧化氮。同时，在2000摄氏度的高温下，也容易形成臭氧，臭氧很不稳定，又分解开来并放出能量，空气的温度迅速上升，人们就看到了火球。

　　实验证明，这两种气体同时存在的时间，大约在14秒至2400秒之间。这种说法可以归结为空气中存在着发光气体。还有两种看法是：等离子层内的微波辐射；空气和气体活动出现反常。

　　人们至今尚未在实验室中制造出真正的球状闪电，虽然已模拟出了极微型又短命的球状闪电。事实上，所有的理论在球状闪电的复杂多变性面前都显得那么单薄。一个真正的球状闪电理论应说明所有的现象，包括没有雷暴的情况和球状闪电持续很长时间及球状闪电大如房屋的情形。而要说清这一切，需要更强大的理论。

有人认为，更有说服力的解释应是涉及冷聚反应领域，与等离子体现象相关的理论。更有人提出球状闪电和龙卷风一样都是等离子团的现象。还有人设想，最佳的理论可能是把电磁学、电学和等离子及纳米理论综合起来。

总之，球状闪电不仅有趣，而且包含了很多秘密，了解了它的本质，对我们人类的生活或许会有深远的影响。

### 奇异闪电创造的奇迹

1962年夏季，我国科学工作者在泰山顶上对雷景进行研究时，亲眼目睹了一次奇怪的球状闪电。7月22日傍晚，泰山上大雨倾盆，电闪雷鸣，突然一声巨响，在窗外冒雨工作的科学工作者，发现一个直径约为0.15米的红色火球从西边窗户的缝中窜入室内，以每秒钟2米至3米的速度在空中移动。大约几秒钟后，又从烟囱里飘出。在离开烟囱口的瞬间，发生了爆炸，火球也消失了。桌子上的热水瓶、油灯都被震碎，烟囱也被击坏。火球所经过的床单上，留下了0.1米长的焦痕。

1981年7月9日，随着一声

惊雷，人们看到两个橘红色的大火球，带着刺耳的呼啸声，从乌云中滚滚而下，坠落在上海浦东高桥汽车站。两个火球在地面相撞，发生一声巨响，消失得无影无踪。在美国的一个叫龙尼昂威尔的小城里发生了一件怪事：一位主妇从市场回到家里，打开电冰箱一看，发现放着烤鸭等熟食品，可是她清楚地记得，这些东西放进去时是生的。

"上帝啊，出奇迹啦！"女人惊叫起来。

经过科学家的研究才明白，这是球状闪电开的玩笑。不知怎么搞的，它钻到电冰箱里，刹那间把冰箱变成了电炉，奇怪的是，冰箱竟没有被损坏！奥地利一位名叫德莱金格的医生的钱包被盗。钱包上有个不锈钢的"b"字。当晚，他被请去为一个遭雷击的人看病时，发现那个人的脚上印着两个"b"字，同医生钱包上的"b"字大小相同，结果钱包就在这个人的口袋里。雷电创造了许多奇迹，有些至今仍是个谜。

延 伸 阅 读

俄国科学家里奇曼研究雷电，重复富兰克林的风筝实验，没料想一个球状闪电脱离避雷针，无声无息地飘在实验室内。这个只有拳头大的火球在靠近里奇曼脸部的时候，突然爆炸。里奇曼立即倒地死去，在脸上还留下了一块红斑。

# 夹金山气象万千之谜

## 神奇壮美的云瀑

夹金山又名"甲金山"，藏语称为"甲几"，夹金为译音，意为很高很陡的意思。

夹金山海拔4124米，它横亘在四川省小金县达维乡与雅安市宝兴县之间。这里地势陡险，山岭连绵，重峦叠嶂，天气复杂多变。当地流传着一首这样的民谣："夹金山，夹金山，鸟儿飞不过，人不攀。要想越过夹金山，除非神仙到人间！"

然而，在这样人迹罕至的地方，却有着极其美妙的独特景观，其中，有如大江决堤般雄浑壮美的云瀑，更是堪称人间仙境。

云海如大江般决堤，滔滔云海如千军万马般从山顶直冲下来，翻江倒海的场面令人十分震撼。白云飞舞着，在强劲的高原风吹拂下，争先恐后地向山下逃窜。从

半山腰往上看，咆哮奔涌的白云如一条条瀑布挂在山间。来到山顶，这里又是另一种景象：铺天盖地的云雾就在面前翻滚，云雾缭绕，仅露出一个个山头，不一会儿，云雾便冲到面前，将人完全笼罩在了一片白茫茫之中。

夹金山云瀑，是一种可遇而不可求的现象。民间传说中，夹金山是神仙聚会之所，因为这里景色奇美，天上的神仙经常来聚会，每当神仙一出现，夹金山就会云雾缭绕，从而出现壮观美丽的云瀑现象。据说运气好的时候，人们还可以看到神仙的真面目呢！

## 奇特的"佛光"现象

当夹金山出现云瀑的时候，站在高处的人们，有时会看到传说中的"神仙"出现。站在夹金山山顶，环顾四周，但见白云茫茫，好似大海汪洋，游人宛如置身于孤岛一般。

正当人们对眼前如梦如幻的仙境赞叹不已的时候，突然，面前的云瀑中，出现了一轮巨大的光环，光环开始为白色，渐渐地白色变成了彩色。光环越来越大，越来越近，似乎触手可及。奇特的一幕出现了：光环中有硕大的影子显现，影随人动，或抬手，或举足，栩栩如生，令人十分惊异，其情其景宛如传说中的观世音菩萨显灵。

这种奇特的现象，就是我们经常说的"佛光"。这种罕见的气象景观，在多雾的山区常会出现：早晨人站在山顶上，当背后有太阳光线射来时，他前面弥漫的浓雾上就会出现人影或头影，影子四周常环绕着一个彩色光环，这个光环就是光线射入雾层之后，经过雾滴反射形成的。

夹金山"佛光"，也是因为云瀑中空气湿度很大，为太阳光线提供了充裕的"游戏场所"。在云层之上，当太阳金灿灿地散发出万道金光时，云雾水滴中的空隙便会发生光的辐射作用，从

而产生内紫外红的彩色光环，色带排列正好与虹相反。

如果观者与太阳和光环恰好在同一直线上，就可以看见人影映于光环之内，人行影也行，人舞影也舞，于是一些游人就飘飘"遇仙"了。翻越夹金山，进入山的另一面后，呈现在人们面前的茫茫云海和"一山之隔两重天""一山有四季"等奇特景象，同样令人叹为观止。

## 云海是如何形成的

夹金山的东坡，属四川省雅安市宝兴县。翻过山顶，便进入了茫无际涯的云海之中。这么多的云雾是如何生成的？它们和山另一面的云瀑有何必然联系呢？

原来，夹金山云海的形成，与其所处的地理、地形条件密切相关。夹金山东坡，是平畴千里的四川盆地，而西坡则是巍巍耸立的青藏高原。四川盆地的暖湿空气常在夹金山东坡上升凝结,加上东坡喇叭口的地形,暖湿空气只能进不能出,因而常常形成大面积的云海。云海沿山抬升,在翻越山顶后,由于西坡空气干冷,云海遇冷后迅速下沉,并从山顶一带决堤而下,从而形成了十分壮美的云瀑。

## 一山之隔两重天

仅仅一山之隔,但山两边的气候、地貌、植被、土壤等却天差地别。在宝兴县的夹金山麓下,公路两旁草木葳蕤丰茂,原始森林郁郁葱葱,近处青绿苍翠欲滴,溪流纯白如银,水声潺潺,入春后,更显山花烂漫,处处鸟语花香——这里的景色可谓妖娆迷人,可气候却实在不敢恭维,不是霪雨霏霏,就是白雾迷茫。当翻过垭口,呈现在眼前的却又是另一番天地:蓝天无垠,艳阳朗照,朵朵浮云洁白无瑕,空气透明清新,放眼能看到前方耸入

云端的冰山雪峰，俯视脚下的大地，则见高低不平的黄土地上一片荒凉萧瑟。这里群山裸露，土丘寸草不生，而且气候异常干燥，热风劲吹，溪水断流。谁能想到，仅仅一山之隔，两边的气候差异却如此之大，难怪当地有这样的谚语："过一山，另一天""一山之隔两重天"。夹金山为什么会形成这种特殊的气候差异呢？

原来夹金山的山体呈有秩序的南北走向，这使它的东坡，即宝兴县境内处于迎风面，大量的暖湿气流在这里因抬升作用而凝结成雨滴下降，因此东坡雨水偏多；西坡因被高大山体阻挡，暖湿气流在跨越时几乎丧失殆尽，而且过山后的温度也会过高，导致剩余的水汽蒸发，再加上西坡一带地形闭塞，气温较高，蒸发旺盛，很难形云成雨，因而西坡一带的气候干燥、少雨。

**延 伸 阅 读**

夹金山在清乾隆时期，被称作"甲金达"，藏语意为道路弯曲的意思。这里是当年中国工农红军一方面军与四方面军胜利会师的地方，是红军翻越的第一座大雪山，"长征万里险，最忆夹金山"，因而具有极高的历史底蕴和人文内涵。

# 为什么晴天会下雨

## 突来的倾盆大雨

我国新疆米泉县的甘泉堡，历来很少降雨。但在1975年9月7日凌晨4时多，在甘泉堡的一条干沟上空下起了暴雨，而四周却晴空万里。据目睹者回忆说，当时这里先是响起一阵雷，紧接着瓢泼大雨从天而降，大雨下了大约10分钟。到5时左右干沟洪水立刻涨起来，倾泻而下，冲走了几十千克重的石头和许多防洪物

资。为什么沟外天空晴朗，而沟内却下起倾盆大雨呢？

## 晴天下雨现象

1991年10月30日，湖北省长阳土家族自治县都镇湾镇宝塔村，天空万里无云，突然一束雨从天而降，不偏不倚正好落在一米见方的地方，且连续好几天都是这样。

1991年11月6日17时10分，安徽省肥东县上空晴空万里，没有一丝雨云，可奇怪的是突然下起米粒大小的雨，并持续了一分钟。2004年7月的一天，一群游人在江西省庐山游玩。这天晴空万里，阳光炽热，游人们兴致勃勃，一边游玩一边向山上攀登。时至正午，一大片白色的云团从山脚缓慢上升。

不多时，只听云团中传来隐隐雷声。由于云团在游人下方，

所以人们清晰地感觉到"隆隆"雷声就来自脚下。忽然,一阵雨滴劈头盖脸地砸向游人。"好好的天怎么下雨了?"

人们迷惑不解地抬头观望,只见头顶的天空依然晴朗湛蓝,没有一丝云彩。俯瞰脚下,唯见云团滚滚,势如千军万马,那亮晶晶的雨丝正是来自半山腰的云团!

## 为什么会产生这种现象

气象专家解释说,原来在庐山的深谷中,水汽在受热后,常会产生对流运动,形成一股强烈上升的对流云团。云团中蕴藏了大量的雨滴。当气流在上升过程中,其托举雨滴的升力超过了雨滴的重力时,便会将雨滴往上抛洒,从而出现了天空无云却下雨的现象。

大自然中,类似这种无云却下雨的怪雨现象很多。在南美洲的巴拉圭,靠近巴西边境的巴拉那河地带经常晴空万里,虽然天空无云,却有永远也下不完的雨。

原来，无穷无尽的雨来自取之不竭的水源：在巴拉那河附近有一个著名的瓜依拉大瀑布，瀑布飞溅出的水花形成雾气，雾气被风刮到河谷地带再降落下来，便形成了无穷无尽的雨丝。但也有一些无云也下雨的现象至今仍是个谜。

## 雨在天上飞而不落地

自然界中，有一些怪雨与庐山现象刚好相反：在新疆的塔克拉玛干大沙漠，有时天空黑云密布，雷声大作，细雨飘飘，可地上的行人不用打雨伞，衣裳也不会被淋湿；在四川省的攀西地区，有时也会出现这种"雨在天上飞"的现象，人们根本感觉不到雨丝的足迹。据气象专家分析，这是因为这些地方气候异常炎热、干燥，很少下雨。在夏季，近地面的空气受热后不断上升，在高空冷却，集结成云。但当这些雨滴落下时，由于近地层温度很高，所以雨还未落到地面，便在空中蒸发了。

## 五龙山大晴天下起毛毛雨

辽宁省丹东五龙山游玩的游客不约而同地发现了一个奇怪的现象，明明是晴空万里，但是只要走到离佛爷洞约20米远的两块面积在3平方米左右的空地，就能感觉天空下起了毛毛雨，而一旦离开这两个区域，就丝毫不见了雨点的痕迹。

这两块空地上都有树木遮蔽，如果游客站在树下拍手或者说话声音大了，雨还会越下越大。晴朗无云的天空为什么突降小雨呢？而且唯独降在这两个面积仅3平方米的小区域？

五龙山的"晴天雨"引得越来越多的游人驻足观看，有的游

客还试着用舌头舔过雨水，但发现没有任何味道；还有的游客好奇，把面巾纸铺在地上，结果发现没多久整个面巾纸就完全被淋湿了，周围的台阶上也都是湿漉漉的。一些好奇的人试图观察周围环境寻找原因，但都没有什么结果。

## 五龙山的晴天雨是否与树有关

五龙山的晴天雨是否树木在作怪呢？既然一年四季都会出现晴天下雨的景象，究竟是什么原因呢？有人提出一种猜测，会不会是因为树叶上雾气比较重，上午可能有露水产生，树叶上的水滴掉下来就形成了晴天雨呢？

为了验证这种说法的可能性，五龙山的工作人员经过连续几天的观察发现，整个白天树下都在不停地下雨。即使在下午，相对湿度特别小，树叶上没有看到水滴的情况下，雨滴仍在不停地往下飘。晴天雨的情况还在继续观察之中，人们还在观察当树叶落光以后，是否还会出现下雨的现象。

延 伸 阅 读

1995年10月，当时丹东市的一位市长，到五龙山上视察景区建设，在途经佛爷洞时，同样晴空万里，但仍有细雨渐渐飘下。当时这位市长还即兴作了一首诗："圣泉甘露润心田，攀登何需上青天。美景如画看不尽，凤舞龙飞天地间。"

# 冬天为何会打雷

## 雷电为什么会与雪花相伴

据专家分析，当天空阴云密布，高空云中的气温在0摄氏度以下时，云中的水汽就凝结成雪。雪花从云中落下来。但它落到地面上是雪还是雨呢？

这就要看近地面层几百米以内的温度了，如果近地面层的气温比较高，雪花降落时，就会在近地面层低空中重新融化，成为

雨滴，这时我们看到的就是落雨。相反，如果近地面层的气温比较低，雪花不能融化，这时就下雪了。一般来说，地面气温在3摄氏度或2摄氏度以下时，就会出现下雪的现象。

1970年3月12日晚上，我国长江中下游地区就出现了雪天打雷的现象。当时近地面层的冷空气从华北南下至长江中下游地区，傍晚以后，该地区的气温下降至0摄氏度左右，具备了下雪的条件。当时南下的冷空气与北上的强盛的暖湿气流在这一地区相遇，暖空气沿着低层冷空气猛烈爬升，于是在将要下雪的层状云中发生了强烈的对流现象，形成了积雨云，所以就产生一面下雪、一面打雷的天气现象。

专家同时认为，出现雷电伴大雪的罕见现象主要是冷空气和偏南暖湿气流在激烈碰撞中产生了巨大能量，便有了打雷闪电，而高空和低层大气的温差也为冬季出现雷电创造了强大动力。

这种天气变化在气象史上是非常少见的，目前在气象学上也没有给它任何定义。一般来讲，每年的九十月份就很少会出现打雷了。曾在1979年11月3日北京出现过打雷情况，但是当时没有记录是否有雨雪。

### 破解雷雪之谜

2009年3月1日，美国东部地区的较大范围被晚冬的暴风雨雪侵袭。暴风雪猛烈，雷声震耳欲聋，当地居民被严寒和巨响的雷鸣所困扰。真奇怪，不是只有夏天才会雷鸣吗？

美国密斯林大学哥伦比亚学院的气象学家帕特利库·马凯特阐述了雷雪现象的发生原理：雷雪和夏天的雷雨发生的原理是一样的。太阳照射地面，温暖、湿润的空气上升的话，大气环境就会变得不安定。随着空气的上升，水蒸气的凝结就会产生云气。云气由于内部气流的混乱而发生剧烈的碰撞。在冬天产生这种不安定的大气环境是雷雪发生的重要前提。

因为雷雪的发生，地表附近的大气层比上空大气层温度要高，并且只有温度足够低才能降雪。这是非常细微的条件。如美国南部发生的雷雪天气，首先是因为大气变得不稳定，才会发生雷云现象。随着它渐向北移，大气的温度降到0摄氏度以下，即形成雷与雪共存的现象。

专家指出，美国的晚冬到早春时节经常发生电闪雷鸣夹杂暴风雪的现象。在这个时期，冷空气气团遇到地表附近的温暖、湿润的空气就形成了"雷雪"天气的条件。

下雪的天气伴随着雷声，这是一种罕见的天气现象。这种奇异的天气现象出现在美国的佐治亚州和南卡罗来纳州的上空。虽然与日本

的季节多少也有些不同，但这样奇异的天气现象在日本也被发现过。

### 气象专家评说"冬打雷"现象

冬天打雷，俗称"冬打雷"，中国中央气象台副台长介绍，雷电的形成要具备一定的条件即空气中要有充足的水汽，要有使暖湿空气上升的动力，空气要能产生剧烈的上下对流运动。

春夏为什么多雷电呢？

这是因为暖湿气流活跃，空气潮湿，同时太阳辐射强烈，近地面空气不断受热而上升，形成强烈的上下对流，这样就易出现雷电现象。而在冬季，受大陆冷气团控制，空气寒冷而干燥，加之太阳辐射弱，空气不易形成剧烈对流，所以很少出现雷电现象。

但是，当出现强盛的暖湿空气北上，遇上冷空气被迫抬

升后，也会产生强烈对流，达到一定强度时就会出现雷电现象，在暖湿气流特别强、对流特别旺盛的情况下，还可降雹。

气象专家认为，雷暴的产生不是取决于温度本身，而是取决于温度的上下分布。夏天地面温度高，对流比较强烈，容易产生雷暴；冬天的降水不是强对流降水，比较稳定，但如果上面的温度和下面的温度差达到一定值时，也能形成强对流，产生雷暴。因为下层空气相对暖和湿，就会产生浮力，破坏大气的稳定性。

## 奇特的雷打雪天气

大自然常常以她自身的独特给人们带来惊叹，雷打雪天气就是大自然给我们展示的一种奇特罕见的天气现象。通俗地说，雷打雪指的是在降雪的同时伴有打雷现象。

2008年2月28日云南省昆明市就发生了30年一遇的雷打雪天

气，当日昆明先后出现了小雨、冰粒、阵雨、冰雹雷暴、霰、雪几种天气现象，并且气温升降异常迅速。

雷打雪现象说奇也不奇。大家知道，雷电是大气中的放电现象，是云中性质不同的电荷之间电位差增大到一定程度，空气被电流击穿而发生快速胀缩造成的剧烈振动过程，而导致这种现象的直接原因，是局部大气被强烈抬升，引发的所谓强烈对流天气。

春季的雷暴同其他季节一样，也是冷暖空气斗争激化的结果。高空的冷气团和低空的暖气团相会而形成在雪天打雷的现象，气象上就称作雷打雪，这是一种特殊的强对流天气。

雷打雪天气是天气系统相互激烈作用的结果，造成雷打雪天气的天气系统尺度

较小并且移动迅速，常会成为预报系统的"漏网之鱼"，给预报带来一定难度。今后随着雷达、卫星、数值天气预报等技术的改进和发展，对此类天气现象的正确预测将指日可待。

延 伸 阅 读

　　民间有谚语说"冬天打雷雷打雪"，也就是说冬季打雷说明空气湿度大，容易形成雨雪；而"雷打冬，10个牛栏9个空"，意思是说，冬天打雷，暖湿空气很活跃，冷空气也很强盛，天气阴冷，连牛都可能被冻死。

# 雪块的来源之谜

## 不明来历的雪块

1973年4月2日，在英国曼彻斯特郊区的一条宁静的林荫道上，正在曼彻斯特大学进行高等研究工作的理查德·杰里菲斯教授到贝尔东大街准备买些日用品。大街上静悄悄的，理查德先生正走着，突然看见街道上空出现一道明亮的闪电，很快便消失了。

理查德教授当时还担任一家科研机构的气象观测员，因此，他经常记述一些天气现象。当时，他立即看了一下手表，时间为

19时45分。他仔细回忆了一下闪电出现时的情况，觉得很奇怪，为什么这道闪电事先无任何预兆，事后也无任何雷声反应？他想了一会儿，琢磨不出其中的奥秘，于是，只好来到旁边一个小商店内，买了些需要的东西，随后向回家的方向走去。

此时，正值20时零3分。刚离开小商店不远，他突然听见一件东西落地的巨大响声，立即发现在前面街道上落下一块东西。他走上前定神一看，原来是一块雪块，估计有2000克重。

### 对雪块进行研究

理查德教授是科学研究人员，又兼气象观测员，很清楚此时应做些什么。于是，他将雪块从地上拾起，用自己的外套将它包住，飞快地跑回家中，把雪块放在厨房内的冰箱里。

次日清晨，他取出雪块，用布包好，放入密封的高压锅内，随后搬到汽车上，径直来到他在曼彻斯特大学科学技术学院内的实验室，开始分析和化验这块雪块，希望能在雪块来源方面得到突破。

在确定一些冰冻物的历史时期中，科学家拥有多种众所周知的测试方法，其中一种便是将冰或雪切成很薄很薄的冰片，然后用普通反射光和聚光板进行观察，以揭示冰片内的水晶结构。

采用上述方法，理查德教授发现，这块雪块由51层雪组成，每层雪之间都有一层薄薄的空气气泡。这表明，这个雪块的结构不是冰块结构，其水晶体又比冰块中的水晶体小，其内部各层又不如冰块中的各层那样有规则。

此外，理查德教授还做了另一种试验，试验表明这块雪块是由云雾水形成的。但是，云中的水为什么和雾一起并且是怎样形成雪块的呢？理查德教授考虑许久，最后估计，这块雪块之所以

成为这种形状和成为雪块，可能是当时置放于一个密封的容器内，即在容器内形成的。为了证实这个推断和获得一块类似的雪块，理查德教授取来一个气球，把它灌满水，然后将气球吊在冰箱的冰室内……但是，这次试验得到的雪块却与天上落下的雪块根本不同。

### 雪块是否从飞机上掉下的

理查德教授又重新考虑，雪块是否从正在天空中飞行的一架飞机上落下来的？

他说："我询问了机场管理人员，他们告诉我，在雪块落下的空域中，曾有两架飞机飞过。但是，在雪块落下来的时候，其中一架飞机已在机场上着落，另一架飞机则是在雪块落地后好久才通过此空域的。此后，我又问专业人员，其中一架飞机是否在飞行中遇到了雪块，他们回答说，这是不可能的。"

那么，人们不禁要问，落在理查德教授眼前的雪块同他在此

之前9分钟看到的闪电之间是否有一种联系呢？

英国自然科学家艾里克·卡罗认为它们之间不仅有联系，而且有密切的联系。他从理论上谈到部分闪电的特性，但是卡罗的理论未能具体应用于实践，因为依照这种理论，确实可以随便将一些雪块现象解释成同电和空气现象有联系，而其他一些雪块现象却同它们毫无关系。作家罗纳德·维利兹收集了美国很多大学教授对雪块现象的看法，他说："一些学院科学家认为，这种从天空中落下的大块雪块不可能有流星之嫌，这是因为外空间的条件不可能产生雪块。"

科罗拉多大学的科学家认为，尽管部分天文学家认为存在着流星同雪的混合物，但是，其中一位天文学家曾提出这样的问题：当这块雪块进入大气层时，一定会产生很高的热，那么，雪块落地后怎能会保持现在这种状况呢？

弗吉尼亚大学科学家们认为，雪块现象是一种极其神秘的现象，可以将这种现象和其他类似的现象从有关飞碟的现象中分出来，另归一类。

利曼教授曾认为所有雪块现象全是由于天空中飞行的飞机储水罐或水箱漏水而造成的。这种观点曾作为一种被人接受的观点而广泛用于对雪块的解释。专业人员认为，飞机在几千米以上的高空飞行时，若机翼上产生雪或冰，那么自然会对飞机飞行重量产生危险的影响，因此，现代化飞机全装有自动电化雪系统。可以说，目前现代化飞机机翼和机身上完全不可能产生雪块。此外，还有很多雪块现象发生在飞机诞生之前，也可说明雪块同飞机没有什么联系。

## 延 伸 阅 读

19世纪，格拉马尔尤曾提出一篇论文，名叫《大气层》，他在文中称，早在古代就发生过从天空中落下雪块的事例，当时那块雪块的规格为5米×2米×3.5米。另在1849年苏格兰的奥尔德也发生了一次雪块事件，那块雪块直径则为6米多。

# 十大怪异天气现象

## 非液态雨

据报道，美国加利福尼亚、英国、印度居民时常会经历天空落下鱼和青蛙的场面，更可怕的是有时候连蛇也从天而降。

海上龙卷风可以将水里的任何生物卷入空中，然后将其携带数千千米，降至毫无准备的人们面前。

## 闪电球

几个世纪以来，连续有报道称人们的房屋里有一种奇怪的电现象，而且时常发生在雷暴天气时。这种现象被称之为"闪电球"，其尺寸不一，从高尔夫球到足球大小都有，它有时悬浮在空气中，这无疑使亲历现场的人们感到惊讶。

这种光球没有气味没有温度，但它带有一点响声。当它触及一些类似电视机这样的电器时，就会发出"砰"的声音随即消失，但是这种闪电球偶尔也会爆炸从而引发火灾。但是包括科学家在内的大多数人都为之迷惑不解，至今仍没有一个对这种现象的合理解释。

## 血雨

血雨听似出自好莱坞恐怖电影，但是有报道称，这种带鲜红颜色的雨曾出现在罗马时代。人们因此为之恐慌，但是这种雨实际上并没有夹杂血液，它之所以呈现红色，是由于强风卷入了空气中大量的尘埃和沙子，最终带入云层中而引起。

在欧洲，这种红色的雨水通常是被撒哈拉沙漠的沙尘"染色"而形成的。

## 三个太阳

即使是在阳光明媚的一天，天空也会呈现异常的现象，至少许多假象是由人眼的误差所造成。如果太阳刚从地平线升起，或者空中出现大量的卷云，人类也许会产生幻觉，貌似天空中出现3个太阳的怪异图像。实际上，这种现象可以这样解释：太阳光经高云中的冰状晶体折射而产生各种颜色的光线，从而造成假象。虽然这是很常见的光学现象，但是我们不并多见，毕竟我们不可能经常直视太阳。

### 蓝色的月亮

一个月中出现两次满月，但是月亮呈现蓝色的现象确实少之又少。因此"blue Moon"这个词通常被人们定义为异想天开，即想做也做不到的意思。一般森林大火和龙卷风将尘埃和烟灰卷入高空，并且空气中还夹杂着水珠，因此在掺杂灰尘、水珠的衬托下，月亮看上去就是蓝色的。

### 海怪

尼斯湖水怪也许仅仅只是一种不太常见的水柱形成现象。有时候小旋风也被称之为所谓的"水怪"，因为它在形成过程中不断席卷大量的水而产生一个漩涡。

形成的水柱通常无规律地旋转，发出"嘶嘶"或者水流动的奇怪声音，从而人们会将其联系到长脖子样的怪物，并联想可怕的水怪会突然蹦出水面，这种场面常常令人惊骇。

## 火旋风

虽然火旋风没有龙卷风能掀起房屋的超能力，但是它听起来也令人感到惊慌。这种旋风实质上就是小型的龙卷风，它在形成过程中聚集热量，使得地表的空气上扬从而形成强烈的旋风。

之所以被称为旋风，是因席卷地面上的灰尘而得名。然而更恐怖的是还有一种火旋风，它往往起源于森林火产生的巨大热量，使得火焰在空中急速猛烈旋转而形成。

## 大冰雹

经历过强大雷暴的大多数人一定见过冰雹，通常只有垒球大小。但是从天而降的冰雹偶尔也会震惊每一个人，曾经就有过冰

雹重达80磅的纪录，然而当冰雹打在地面上时就被撞击得粉碎。

更神奇的则是当天空中没有一片云层时，有一块巨大的物块会破天而降。虽然有人可以解释某些现象是由飞机机翼上的冰块造成的，但是还有许多其他现象的原因未得到说明。

### 红光和蓝色蒸气

数年来都有报道称，飞行员在任务期间时常能看到从乌云顶端闪出奇怪的彩光，但是没有人能解释得清楚这个现象。但是近几年来，科学家们已经找到这种怪异彩光存在的证据。这种"红色精灵"其实就是地球上空50千米外的一道红光，它们通常成簇而发。另外还有一种被称之为"蓝色蒸气"的现象也同理是由蓝

光产生的，它距离地表的位置近于红光。而且红光的成形非常怪异，呈现一种薄烤饼的形状。这种现象大约只持续数千秒，科学家们仍然在探究其奥妙所在。

## 桅顶电辉火

据报道，人们曾经在大雷暴中看见轮船桅杆上有火球动，同样的现象在牛角和人的头顶上也发生过，这种现象被称之为电辉火，它其实是由大雷暴时产生的静电传递到长物体的顶部而产生的。虽然电辉火本身对人类不具有威胁，但是触及它可能会引起闪电，而使人遭到电击。因此我们最好还是"敬"而远之。

延 伸 阅 读

喇叭状光柱：2008年12月28日，在拉脱维亚的斯伽尔达摄影师艾格尔·特鲁西斯拍摄到喇叭状光柱。物理学家莱斯·考利称，喇叭状光柱很有可能是借助于细长冰晶形成的，而与地面呈平行关系的扁平冰晶更多的会形成钉子状光柱。